KB275370

국내외 동물용의약품관련 산업분석보고서 2024개정판

저자 비피기술거래 비피제이기술거래

Veterinary Drugs

㈜ 비티타임즈

<제목 차례>

01

서론

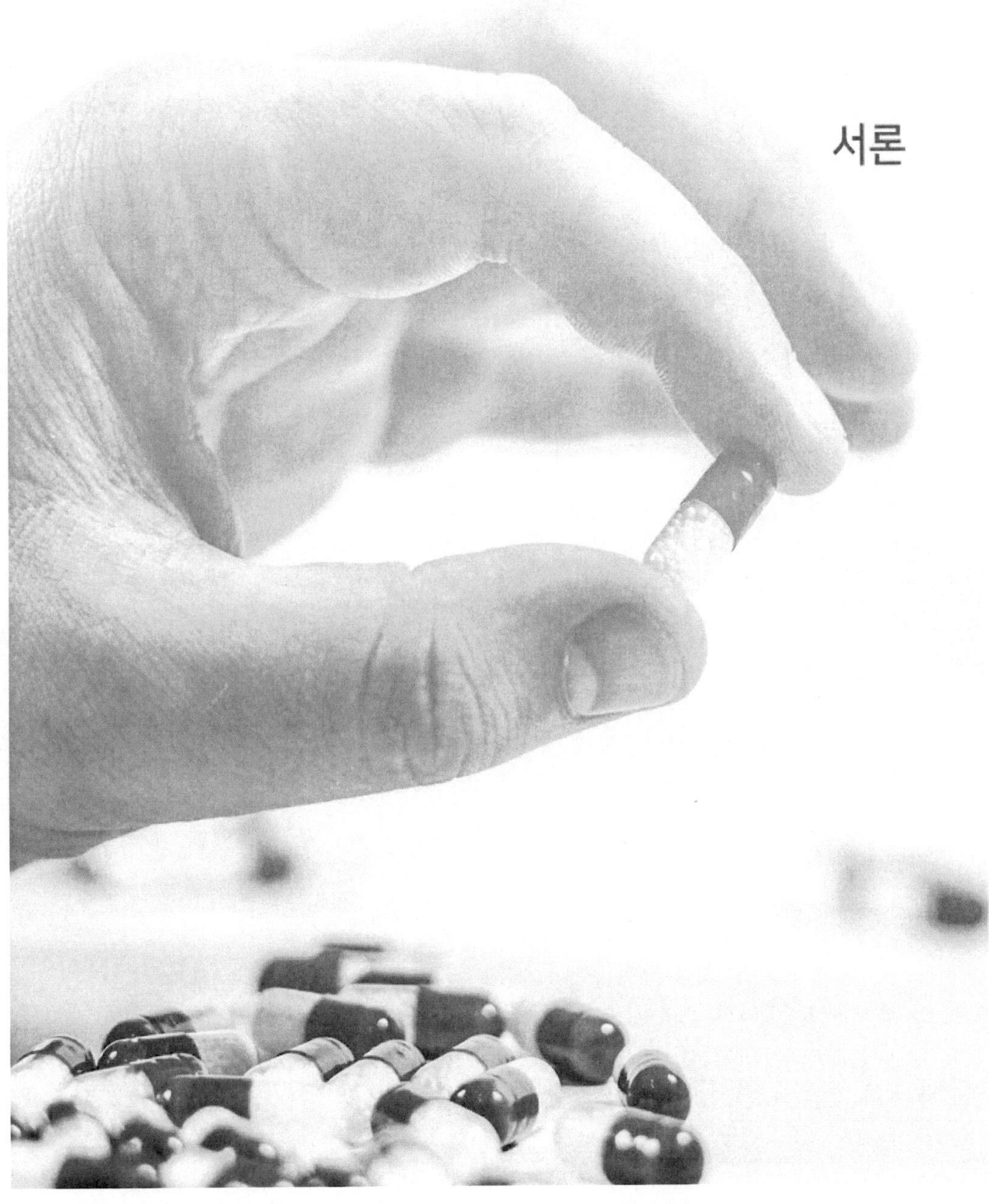

1. 서론

[그림 2] 동물용의약품

동물용의약품은 동물과 가축을 대상으로 예방, 치료 이외에 경제적인 측면에서 축산물의 생산성 향상을 위하여 성장을 촉진하고 사료 효율을 개선하는 등 가축 위생과 이를 통한 양질의 축산물 공급에 직간접적으로 영향을 미치고 있어 일반적인 경기 변동보다는 축산업 경기 변동에 큰 영향을 받고 있다.

과거에는 동물용의약품 시장은 다국적 제약사의 상품에 의존해 왔고, 최근들어 동물용의약품은 국내 제약회사의 새로운 먹거리로 떠오르고 있다. 국내외 동물용의약품 시장은 가파르게 성장하고 있으며, 농림축산식품부도 국내 동물용의약품 산업에 대한 지원을 아끼지 않고 있다.

동물용의약품은 사료에 첨가하여 질병을 치유하고 면역을 증강시키거나 성장 속도를 조절하는 등 인체 약품과의 차이가 있다. 또한 최근 항생제의 사용 절감, 동물복지 강화 추세, 수의사 처방제 적용 동물 의약품 확대 등으로 새로운 국면을 맞이했다.

본 보고서에서는 동물용의약품의 정의와 각 분야별 기술동향과 시장전망을 통해 앞으로의 동물용의약품 시장을 예측해보고, 주요 동물용의약품 기업을 분석하여 동물용의약품 시장 동향을 살펴보고자 한다.

---

1) 팽창하는 동물용의약품 시장, 누가 승자 될 까?/코메디닷컴

02

동물용의약품 개요

2. 동물용의약품 개요
가. 동물용의약품 정의 및 분류[2]

동물용의약품은 동물의 질병예방 및 치료로 피해를 줄이고 건강한 가축의 사육과 성장촉진 등으로 생산성 향상을 위해 동물의 질병예방 및 치료등의 목적으로 사용하는 의약품을 말하며 동물용의약품에는 양봉용·양잠용·수산용 및 애완용(관상어 포함)이 포함된다.

동물용 의약품은 계열별, 사용목적에 따라 분류할 수 있다. 먼저 계열별로 동물용 의약품을 분류하면, 항생제, 항콕시듐제, 항원충제, 신경계작용약, 합성항균제, 성장촉진 호르몬제, 구충제로 나눌 수 있다.

대분류	소분류	의약품명
항생제	아미노글리코사이드계 (Aminoglycosides)	Amikacin, Apramycin, Destomycin, Dihydrostreptomycin, Gentamicin, Hygromycin B, Kanamycin, Neomycin, Streptomycin, Spectinomycin
	세팔로스포린계 (Cephalosporins)	Cefacetril, Cefazolin, Cefoperazone, Cefquinome, Ceftiofur, Cefuroxime, Cephalexin, Cephalonium, Cephaloridine, Cephapirin
	매크로라이드계 (Macrolides)	Erythromycin, Josamycin, Kitasamycin, Oleandomycin, Rxithromycin, Sedecamycin, Spiramycin, Tilmicosin, Tylosin
	페니실린계 (Penicillins)	Amoxicillin, Ampicillin, Benzatine cloxacillin, Clavulanic acid, Dicloxacillin, Nafcillin, Penicillin, Penicillin G, Phenazone
	린코사마이드계 (Lincosamides)	Clindamycin, Lincomycin, Pirlimycin
	펩타이드 (Peptides)	Bacitracin, Colistin, Enramycin
	페니콜계 (Phenicolds)	Chloramphenicol, Florfenicol, Thiamphenicol
	테트라사이클린계 (Tetracyclines)	Chlortetracycline, Doxycycline, Oxytetracycline, Tetracycline
	글리코펩타이드계 (Glycopeptides)	Avoparcin, Vancomycin
	기타	Avilamycin, Efrotomycin, Bambermycin, Tiamulin, Griseofulvin, Novobiocin, Nystatin, Polymixin-B, Rifampicin, Virginiamycin

[표 1] 동물용 의약품의 계열별 분류

---

2) 동물용 의약품 등 편람, 2001; 동물용 의약품 등 약효성분 분류집, 2004

대분류	소분류	의약품명
항콕시듐제	폴리에테르계 (Polyethers)	Semduramycin, Lasalocid, Maduramycin, Monensin, Narasin, Salinomycin
	기타	Amprolium, Ethopabate, Diclazuril, Clopidol, Nicarbazin, Halofuginone, Decoquinate, Robenidine, Roxarzone, Sulfanitran, Zoalene
항원충제	나이트로이미다졸계 (Nitroimizazoles)	Dimetridazole, Ipronidazole, Ronidazole
	기타	Isomethamidium, Diminazene, Berenil
신경계 작용약	중추신경계작용약	Diazepam, Diprophyline, Naloxone, Benzetimide HCl, Methscopolamine
	진정·진경제	Acepromazine, Azaperone, Belladonna, Brotizolam, Detomidine HCl
	진통·해열·소염제	Ephedrin, Antipyrine, Dimethothyloxyquinazine, Aluminium salycylate, Acetaminophen, Acetanilide, Novalgin, Acetylsalicylic acid, Benzydamine, Sulpyrine
	항히스타민제	Cyproheptadine HCl, Dexamethazone, Betamethasone, Prednisolone
	NSAID	Dipyrone, Etodolac, Meloxicam, Phenylbutazone, Flunixin
	벤틸페리미딘 (Benzylperimidine)	Ormethoprim, Trimethoprim
합성 향균제	플루오로퀴놀론계 (Fluoroquinolones)	Cenfloxacin, Ciprofloxacin, Danofloxacin, Enrofloxacin, Flumequin, Norfloxacin, Ofloxacin, Orbifloxacin, Pefloxacin, Sarafloxacin
	퀴놀론계 (Quinolones)	Nalidixic acid, Oxolinic acid
	나이트로푸란계 (Nitrofurans)	Furaltadon, Furazolidon, Nitrofurazone, Nitrovin
	설폰아마이드계 (Sulfonamides)	Dapsone, Diaveridine, Sulfachlorpyridazine, Sulfaclozine, Sulfadiazine, Sulfadimethoxine, Sulfadimidine, Sulfadoxine, Sulfaguanidine, Sulfamerazine, Sulfamethoxazole, Sulfamethoxypyridazine, Sulfamonomethoxine, Sulfanilamide, Sulfaphenazole, Sulfaquinoxaline, Sulfathiazole, Sulfatolamide, Sulfisomidine, Sulfisoxazole, Sulfithozole
	퀴녹살린계 (Quinoxalines)	Carbadox, Olaquindox

[표 2] 동물용 의약품의 계열별 분류

대분류	소분류	의약품명
성장촉진 호르몬제	스테로이드계 (Steroids)	17ß-Estradiol, Testosterone, Progesterone, Norgestromet, Melengestrol acetate, Zeranol, DES
	베타-아고니스트계 (Beta-agonists)	Trenbolone, Clenbuterol, Ractopamine
	소마토트로핀계 (Somatotropins)	BST, PST
	기타	Thiouracil, Dinoprost, Carbetocin, Flumethazone, Gonadotrophin, Oxytocin
구충제	아버멕틴계 (Avermectins)	Abamectin, Doramectin, Eprinomectin, Ivermectin, Moxidectin
	벤지미다졸계 (Benzimidazoles)	Albendazole, Benomyl, Carbendazole, Carbendazime, Febantel, Fenbendazole, Flubendazole, Mebendazole, Oxfendazole, Oxibendazole, Thiabendazole, Triclabendazole
	카바메이트계 (Carbamates)	Bendiocarb, Carbamate, Carbaryl, Methomyl, Propoxur
	오가노클로린계 (Organochlorines)	Lindane
	오가노-포스페이트계 (Organo-phosphates)	Chlorpyrifos, Coumaphos, DDVP, Diazinon, Fenitrothion, Naled, Phosmet, Phoxim, Tetrachlorvinphos, Trichlorfon, Dichlorvos, Azamethiophos
	피레스로이드계 (Pyrethroids)	Alphamethrin, Cyfluthrin, Cypermethrin, Deltamethrin, Fluvalinate, Tetramethrin
	피페라진계 (Piperazines)	Piperazine, Pyrantel
	살리실아마이드계 (Salicylamides)	Niclosamide, Oxyclozanide
	기타	Aluminium silicate, Cymiazole, Clorsulon, Chlorophenol, Closantel, Dichlorophene, Diethylcarbamazine, Diphenhydramine HCl, Nitroxynil, Amitraz, Methoprene, Difluron, Levamisole, Fluazuron, Imidacloprid, Oxythioquinox, Pyrimethamine, Morantel, Clipquinol, Cyromazine

[표 3] 동물용 의약품의 계열별 분류

 사용목적에 따라 동물용 의약품을 분류하면 생산성 향상약, 질병예방약, 질병방제약, 질병치료약, 방역약으로 나눌 수 있다.

분류	사용목적	동물약품
생산성 향상약	가축, 가금 등의 경제적 생산성 향상	젖소의 유량저하 방지용 요도카세인, 유량 증산용 BST 등
질병예방약	감염증 발생예방	백신 등
질병방제약	집단 사육, 양식에서의 질병예방 및 치료	사료첨가제, 음용수첨가제 등
질병치료약	질병에 걸린 동물의 개체별 치료	주사제, 경구제 등
방역약	감염증 예방 목적의 동물 사육장, 방목장, 어장에 사용	소독제, 살충제 등

[표 4] 동물용 의약품의 사용목적에 따른 분류

 동물용 의약품 중 백신의 용도는 바이러스·세균 및 마이코플라즈마에 의한 질병을 예방하기 위한 것이고 항생·항균제는 세균성 질병에 의한 감염을 예방하고 치료하기 위한 용도로 사용된다. 구충제는 회충, 콕시듐과 같은 내부 기생충 및 개선충과 같은 외부 기생충을 예방하고 치료하는 목적으로 사용되며, 분만 유도나 발정 유도, 발정 동기화, 배란 동기화 등의 번식을 조절하기 위해 호르몬제를 이용한다. 동물의 통증과 염증을 완화 혹은 진정시키기 위해 진통제·진정제를 사용한다.

 이러한 모든 동물용 의약품은 농림축산검역본부의 허가를 받아야 한다. 동물용 의약품은 법적으로 일반의약품과 수의사 처방의약품으로 나누어진다. 일반의약품의 경우, 수의사의 현장 임상관찰이나 평가 없이 사용할 수 있는 의약품으로 처방의약품으로 규정되지 않은 생물학적 제제, 항생제, 생균제, 영양제, 소독제 등이 포함되어있다. 수의사 처방의약품은 호르몬, 일부 생물학적 제제 및 항생·항균제 사용에 전문적 지식이 필요한 약품 등이 포함된다. 이에 해당하는 의약품들은 현장 임상 관찰과 평가를 통해 작성된 수의사처방전에 의해 제공된다.

 일반적으로 동물용 의약외품이란 농림축산검역본부장이나 국립수산과학원장이 정하여 고시한 것을 말한다. 첫 번째로 "구중청량제, 탈취제, 세척제 등 애완용 제제, 축사 소독제, 해충의 구제제 및 영양보조제로서의 비타민제 등 동물에 대한 작용이 경미하거나, 직접 작용하지 아니하는 것으로써 기구 또는 기계가 아닌 것과 이와 유사한 것"으로 동물용 해충의 구제제, 방지제, 기피제 및 유인 살충제, 동물 질병 예방을 위한 소독제, 애완동물용 제제, 동물용 유두 침지제, 동물의 신체보호를 목적으로 이용되는 단순 외용제제, 동물의 영양보조제 등이 포함된다. 두 번째로 "동물 질병의 치료, 경감, 처치 또는 예방의 목적으로 사용되는 섬유, 고무제품 또는 이와 유사한 것"으로 동물용 가리개, 동물용 감싸개, 동물용 외과 수술포, 동물용 거즈, 동물용 탈지면, 동물 소독용 시슈, 동물용 반창고 등을 포함하며, 이는 약사법 특례규정에 의거하여 동물용 의약품 취급규칙으로 관리되고 있다.

살충제는 동물 및 농작물을 가해하는 해충의 방제에 사용하는 약제로서 여러 작용기전과 분자 구조에 따라 분류되는 것이 일반적이다. 크게 시냅스 전막의 저해제, 신경기능저해물질, 아세틸콜린에스테라제의 활성저해제로는 카바메이트계, 유기인계 살충제가 있다. 에너지 대사의 저해제, 아세틸콜린 수용체의 저해제는 주로 TCA 회로에 관여하고 있다. 호르몬 균형의 교란물질, 키틴의 생합성 저해 물질, 미생물 살충제 등이 있다. 특히 의약외품 가운데 불법 사용의 가능성이 가장 우려되는 항목이기도 하다.

농약 살균제란 병원 미생물로부터 동물 및 농작물을 보호하여 농산물의 질적 향상과 양적 증대를 목적으로 사용되는 약제를 말하며 작용하는 기작에 따라 단백질 생합성 저해 물질, 세포벽 형성 저해제, 세포막 형성 저해제, 호흡 저해물질, 숙주의 병해 저항성 유발 작용제, 세포분열 억제제, 기타 인지질 생합성 저해제, 멜라닌 색소 저해, 세포기능저해제 등 다양한 약제 등이 있다. 이들은 또한 축사 및 양식장의 오용 가능성이 있을 수 있다. 축사 또는 어류양식장에서의 내부 및 외부의 환경은 잔류 된 각종 유기물 또는 병원체로 오염되어 있으며, 사양관리가 부실할수록 그 오염도는 높아진다. 이에 따라, 오염물이 지속적으로 축적되면서 질병 발생의 위험성은 높아지고, 이를 완화시키기 위하여 소독 및 청소를 통해 오염도를 최소화 시키며 차단 방역을 할 수밖에 없는 실정이다. 특히 축산 분야에 있어서 질병 발생을 얼마나 최소화 시키느냐에 따라 농가의 생산성이 결정되는데, 그 이유는 오늘날 축산 분야의 사육 양상이 여러 마리의 소를 좁은 축사에서 사육을 하는 밀집 다두 및 대규모 사육 양태로 변하고 있어 이에 따른 질병 전파의 속도나 피해 규모는 상상 이상으로 늘어날 수밖에 없는 상황이 되고 있기 때문이다. 이러한 실태로 인해 농가에서는 소독 예방약 사용량을 꾸준히 증가 시켜왔으며 사용량이 점차 증가됨에 따라 안전 기준 없이 무분별하게 사용되는 사례 또한 상승세를 보이는 상황이다.

나. 동물용의약품 산업 특성3)

동물 의약품 시장 성장을 이끄는 주요 요인으로 동물 간 전염병 유병률의 증가, 반려동물이나 가축 소유주의 약제 선호도 향상 등이 있다. 또한, 육류 및 동물 기반 제품 수요 증가로 연결되는 지속적인 인구 증가, 첨단 의약품을 개발하기 위한 연구개발 및 신생 스타트업 기업의 증가 등이 있다. 한편, 조류 인플루엔자, 돼지 인플루엔자 및 기타 많은 전염병이 지속해서 발병되고 있어 새로운 동물 의약품 개발의 필요성이 높아지고 있다.

동물 의약품 시장은 반려동물 소유주의 증가와 전 세계 가축 수의 급증 등으로 인해 성장하고 있으며, 동물의 다양한 질병에 대한 유병률 급증, 축산물에 대한 수요 증가, 동물의 의료비 지출 증가 등도 동물 의약품 시장의 성장을 촉진하는 요인이다. 그러나, 저개발국가의 수의학 인프라 부족과 의약품 사료 첨가제와 관련된 엄격한 규제는 동물 의약품 시장의 성장을 제한하고 있으며, 반대로, 동물의 건강 관리에 대한 인식의 증가는 동물 의약품 시장에 대하여 성장 기회를 제공하고 있다.

구분	주요 내용
성장 촉진요인	• 반려동물 소유 급증 • 전 세계 가축 수 증가 • 동물 의료비 지출 증가 • 동물의 다양한 질병에 대한 유병률 급증
성장 억제요인	• 동물 의약품 및 백신과 관련된 엄격한 규제 • 저개발국가의 수의학 인프라 부족
시장 기회	• 동물의 건강 관리와 관련된 인식 급증

[표 5] 글로벌 동물 의약품 시장의 원동력

동물 의약품 산업 환경을 공급자들의 협상력, 구매자들의 협상력, 잠재적 진입자의 위협, 대체재의 위협, 경쟁의 위협에 따라 분석하면 다음과 같다.

분류	주요 내용
공급자들의 협상력	• 반려동물용 특수 의약품을 제공하는 여러 공급자의 존재로 인해 판매업체는 가격에 따라 한 공급자에서 다른 공급자로 쉽게 전환할 수 있음 • 이에 따라, 예측 기간 동안 공급자들의 협상력이 보통 수준을 유지할 것으로 예상됨

[표 6] 동물 의약품 산업 환경 분석

---

3) 동물 의약품 시장, 글로벌 시장동향보고서/연구개발특구진흥재단

분류	주요 내용
구매자들의 협상력	• 반려동물용 특수 의약품을 판매하는 업체가 다수 있어 구매자들의 협상력은 낮음 • 현재 의약품은 동물의 통증과 염증에 대한 1차 치료제로 남아 있으며, 판매업체들은 경쟁력 있는 가격으로 약품을 판매하고 있음 • 이와 같은 요인들로 인해 예측 기간 동안 구매자들의 협상력이 낮을 것으로 예상함
잠재적 진입자의 위협	• 시장에서 높은 점유율을 차지하는 소수의 기업이 반려동물용 특수 의약품 시장을 장악하고 있으므로, 신규 기업들의 시장 진입은 매우 어려움 • 2019년 잠재적 진입자의 위협은 낮았으며, 예측 기간 동안 동일하게 유지될 것으로 예상됨
대체재의 위협	• 반려동물의 질병은 주로 약물과 백신을 통해 치료할 수 있음 • 외과 치료는 크게 도움이 되지 않기 때문에, 대체재의 위협은 낮음
경쟁의 위협	• 반려동물 특수 의약품 시장에는 높은 시장 점유율과 강력한 입지를 두고 대기업들이 서로 경쟁하고 있음 • 다만, 시중에 유통되는 승인된 제품이 많지 않아 통증 관리 효과가 높지 않은 약물에 의존하고 있음 • 따라서, 예측 기간 동안 경쟁의 위협은 보통 수준을 유지할 것으로 예상됨

[표 7] 글로벌 동물 의약품 시장 분석

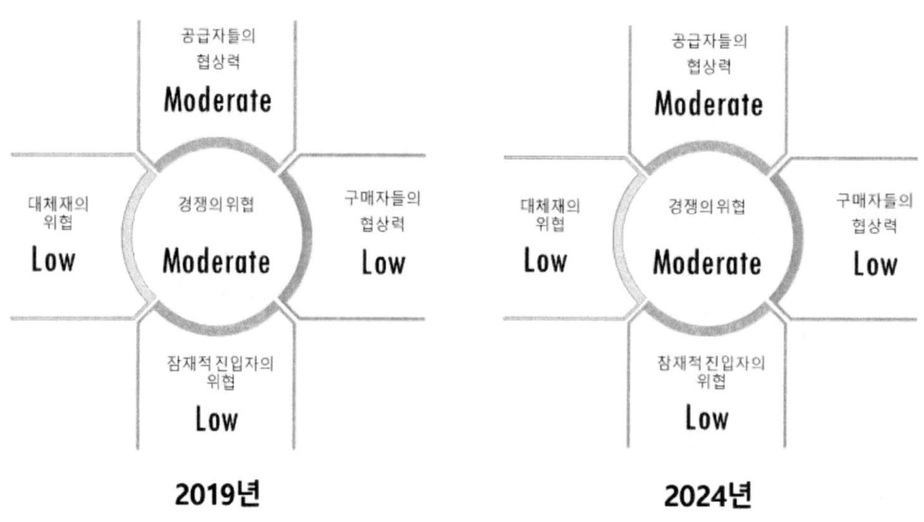

[그림 4] 글로벌 반려동물용 특수 의약품 시장의 5 Forces 분석

1) 수의용 백신4)

 수의용 백신은 바이오 분야에 속하는 기술로, 동물에게 특정 질병에 대한 면역성을 제공하는
생물학적 제제다. 현재 광견병, 디스템퍼(distemper), 간염 등 각종 질병을 예방하거나 치료하
기 위해 애완동물, 가축, 가금류 등에 제공되고 있다.

 백신 접종은 동물의 건강을 증진시키고 동물성 질병의 확산을 감소시키며 우유, 육류, 달걀,
양모 및 기타 관련 제품의 생산을 증가시키는 데 도움이 된다. 백신은 질병 관리뿐만 아니라
생식 관리에도 사용되고 있다.

 현재 전 세계적으로 다양한 질병의 확산을 통제하기 위해 고급 백신의 필요성이 증가하고 있
다. 백신 시장의 주요 성장 요인은 약독화 생백신과 같은 새로운 기회와 브루셀라병과 같은
방치된 동물성 질병에 대한 백신의 도입이며, 백신 연구자와 공공 및 민간 부문 간의 파트너
십은 동물 백신의 개발과 상용화를 촉진하고 있다. 다양한 국가들과 기타 단체들 사이에서 진
행 중인 백신 접종 계획은 동물 질병의 확산을 통제한다.

 수의용 백신 시장은 가축 수 증가와 구제역과 같은 가축 질병의 반복적인 발생, 반려동물의
인기 증가, 동물성 질환의 발생률 증가, 다양한 정부 기관, 동물 협회 및 주요 기업들의 이니
셔티브, 새로운 유형의 백신 도입 등의 요인으로 성장하고 있다. 그러나, 백신의 보관 비용 증
가는 백신 시장의 성장을 제한하는 주요 요인이다.

구분	원동력
성장 촉진요인	• 가축 수 증가와 전염병의 반복적인 발생 • 반려동물의 인기 증가 • 동물성 질환의 발생률 증가 • 다양한 정부 기관, 동물 협회 및 주요 기업들의 이니셔티브 • 새로운 유형의 백신 도입
성장 억제요인	• 백신의 높은 보관 비용
시장 기회	• 기술 발전 • 신흥 경제국에서 높아지는 동물 건강에 대한 의식
해결해야 할 과제	• 불충분한 전염병 감시 및 보고 시스템

[표 8] 글로벌 수의용 백신 시장의 원동력

 글로벌 수의용 백신 산업 환경을 공급자들의 협상력, 구매자들의 협상력, 잠재적 진입자의
위협, 대체재의 위협, 경쟁의 위협에 따라 분석하면 다음과 같다.

---

4) 수의용 백신 시장/연구개발특구진흥재단

분류	주요 내용
공급자들의 협상력	• 동물 백신 시장은 소수의 기존 기업들만이 존재하기 때문에 더 집중되어 있음 • 공급자로는 동물용 백신을 개발하는 제약 회사와 수의학 산업에 제품을 공급하는 업체 등이 있음 • 공급자 기반의 다양성이 떨어지기 때문에 예측 기간 동안 공급자들의 협상력은 낮을 것으로 예상됨
구매자들의 협상력	• 2017년에는 높은 백신 가격으로 인해 구매자들의 협상력이 보통이었음 • 그러나 조달 단체는 동물 백신을 대량으로 구매하여 민간 부문 구매자에 비해 상당한 가격 할인을 받았음 • 동물 백신 시장의 또 다른 경향은 다른 옵션의 가용성에도 불구하고 대부분의 관행에 수년간 동일한 공급자들을 이용하고 있음 • 제약 회사가 제공하는 판촉 할인 및 신용 시설로 인해 소매업체와 정부 기관의 협상력은 상대적으로 높음 • 그러나, 일반 구매자들의 협상력은 예측 기간 동안 보통 수준으로 유지될 것으로 예상됨
잠재적 진입자의 위협	• 동물 백신 시장은 일반인들의 영향을 받기 쉽지 않으며 동물 백신에 대한 규제는 사람 백신에 비해 덜 엄격함 • 그러나, 새로운 제조 단위를 설정하는 데에는 많은 비용이 듦 • 이러한 요인으로 인해 예측 기간 동안 잠재적 진입자의 위협이 낮을 것으로 예상됨
대체재의 위협	• 동물 백신을 대체 할 수 있는 유일한 방법은 병든 동물의 질병 조직이나 비강 분비물과 같은 물질로 만들어진 전문적인 동종 요법임 • 최종 제품은 실제 질병에 대한 강력한 청사진이 될 수 있음 • 따라서, 예측 기간 동안 대체재의 위협은 낮을 것으로 예상됨
경쟁의 위협	• 동물 백신 시장에서 Merck Animal Health(미국), Boehringer Ingelheim(독일), Elanco(미국) 등의 주요 기업이 시장의 80% 이상 점유율을 차지하고 있음 • 따라서, 예측 기간 동안 경쟁의 위협은 높을 것으로 예상됨

[표 9] 글로벌 동물 백신 시장 분석

동물용 백신 산업의 특징은 1)정부 규제 산업, 2)진입장벽이 높은 산업, 3)고부가가치를 창출하는 지식 산업, 4)경기변동의 특성으로 요약될 수 있다. 동물용 백신 산업은 정부 규제 산업 중 하나다. 친환경 축산의 이슈화와 잔류 및 내성문제 등으로 항생물질에 대한 규제가 강화되고 있고 2013년도에 도입된 수의사 처방제 등으로 동물용 의약품 사용에 대한 규제가 지속적으로 강화되고 있다.

동물용 백신은 개발 기간이 길고 제조 설비 구축 및 상업화에 이르기까지의 투자비가 많이 소요되며 고도의 생산 기술적 노하우가 필요하기 때문에 신규 업체의 초기시장진입이 쉽지 않은 산업 가운데 하나이다. 또한 백신 산업은 무형의 지식 및 기술이 투입되는 지식산업으로 고부가 가치를 창출할 수 있는 지식산업이며, 각종 가축관련 질병이나 전염 등에 의한 축산업 피해에 따라 경기의 변동성이 매우 민감한 산업이다.

특징	내용
정부 규제 산업	동물용 백신은 농림축산검역본부에 규정인 "동물용의약품등 제조업 및 품목허가 등 지침"에 근거하여 개발, 생산 및 판매과정에서 안전성 및 제품허가가 필요한 규제 품목임.
진입장벽이 높은 산업	정부의 규제가 심한 산업이고, 일정수준 이상의 품질 및 안전성 확보를 위해 기술력이 필요하기 때문에 신규업체가 초기 진입하기에는 진입장벽이 높은 산업임.
고부가가치를 창출하는 지식산업	동물용 백신은 의약품 개발과 깊이 연관되며, 무형가치(지식, 기술)의 투입으로, 고부가가치를 창출하는 첨단 지식산업임.
경기변동의 특성	동물용 백신의 경우 수요산업인 축산업의 경기변동에 영향을 받으며, 전염병으로 인한 축산업 피해에 다른 변동성이 큼.

[표 10] 동물용 백신 산업 특징

국내 동물용 백신 산업의 Value Chain은 원료 의약품, 동물용 백신 제조, 동물병원, 축산업, 양식업 수요자로 구성되어 있다. 주로 해외 대형 제약사로부터 원료의약품을 구입 후 각 의약품 제조업체는 이를 바탕으로 동물용 백신을 제조하며, 생산된 의약품은 축산농가나 동물병원 등의 수요자에게 공급되는 일련의 사슬을 구성하고 있다. 따라서 동물용 백신의 개발은 최종 수요자인 축산농가나 동물병원 등의 요구에 맞추어 그 투자가 집중되고 있다.

현재 가축사육밀도가 높은 지역에서의 대량의 살처분 정책이 커다란 문제로 제기되고 있어, 구제역 감별백신에 대한 투자가 많이 이루어지고 있다. 이 밖에도 서브유닛 백신, 백터 백신, 유전자 결손(조작) 백신 등 새로운 형태의 백신이 개발되는 추세이다. 최근 백신연구는 다양한 범주의 동물 종들의 질병예방을 목적으로 특정 유전자가 결손 또는 조작된 순화 생독백신(Modified Live Virus Vaccines, MLV), 불활화 바이러스 백신(Inactivated Virus Vaccines), 유전자변형 바이러스 백신(Gene-Modified Virus Vaccines)에 집중되고 있는 추세이다.

  아울러 동물의약품 산업에서는 보다 적은 약물투여로 치료가 가능한 일회량백신 (Single-Dose Vaccines)의 개발도 추진 중에 있다. 국내 백신 제조 기술의 많은 발전에도 불구하고 현재까지 국내 동물백신 제조업체의 가장 큰 위협요소는 동물백신의 원료에 대한 안정적인 수급확보로, 대부분의 원료를 수입에 의존하고 있는 상황에서 원료공급처의 환경변화에 따른 원료확보의 불확실성과 원료가격의 급등, 수입에 따른 환위험 등은 국내 동물백신 시장의 풀어야 할 큰 위협요소이다.5)

---

5) 중앙백신(072020)/한국IR협의회

2) 동물 진단[6]

 동물 건강진단의 목적은 애완동물 및 가축과 관련된 질병의 근원적인 요인을 발견하여 동물 간 전염병 발생을 방지할 수 있도록 검사하고 비용 효율적인 방식으로 가축 제품 생산을 증가시키는 것이다. 동물 건강진단은 바이러스, 박테리아, 원생동물 및 기타 다세포 병원균에 의한 동물 질병을 진단하는데 중요한 역할을 한다.

 동물 건강진단에는 동물의 질병 진단에 사용되는 소모품 및 기기 등이 포함된다. 동물 진단은 표준실험실, 동물 병원&진료소, POC(POINT-OF-CARE)/원내 검사, 연구기관&대학 등의 최종사용자에 의해 사용되고 있다.

 전 세계적으로 동물 건강진단 시장은 우유, 육류 및 기타 제품과 같은 가축 제품에 대한 수요가 늘어나고 식품 안전에 대한 우려가 증대됨으로써 증가할 것으로 전망된다. 가축 제품을 통해 동물에서 사람으로 전염되는 감염과 관련된 사망률은 매우 크며, 이로 인해 정부의 노력이 지속적으로 증가하면서 가축 제품 공급업체들 사이에서 동물 건강진단에 대한 인지도가 높아졌다. 동물의 인간화와 함께 애완동물의 수가 증가함에 따라 동물 병원 및 진료소 방문 횟수가 증가하고 있으며, 이는 동물 건강진단에 대한 수요를 증가시키고 있다.

 애완동물 수의 증가, 동물 질병의 확산, 동물 유래 식품 수요 증가, 애완동물 보험 수요 증가, 동물 건강 지출 증가, 선진국에서의 수의사 및 소득 수준 증가 등과 같은 요소들은 동물 진단 시장의 성장을 촉진할 것으로 예상된다.

구분	원동력
성장 촉진요인	• 애완동물 수의 증가 • 동물 공통 감염 질환의 증가하는 유행 • 동물 유래 식품에 대한 수요 증가 • 애완동물 보험 수요 증가 및 동물 건강 지출 증가 • 선진국의 수의사 종사자 수 및 소득 수준 증가
성장 억제요인	• 애완동물 관리 비용 증가
시장 기회	• 미개발 신흥 시장
성장과제	• 신흥 시장에서의 동물 건강 인식의 부족 • 신흥 시장에서의 수의사 부족

[표 11] 글로벌 동물 진단 시장의 원동력

 글로벌 동물 진단 산업 환경을 공급자들의 협상력, 구매자들의 협상력, 잠재적 진입자의 위협, 대체재의 위협, 경쟁의 위협에 따라 분석하면 다음과 같다.

---

6) 동물 진단 시장/연구개발특구진흥재단

분류	주요 내용
공급자들의 협상력	• 여러 공급업체가 있기 때문에 공급업체는 가격에 따라 한 공급업체에서 다른 공급업체로 쉽게 전환 할 수 있음 • 따라서, 공급자들의의 협상력은 낮게 유지될 것으로 예상됨
구매자들의 협상력	• 최종 소비자는 동물 건강진단 솔루션을 선택할 수 있는 몇 가지 옵션을 가지고 있으나, 기존의 공급업체에서만 제공하는 특정 기술이 있음 • 따라서, 구매자의 협상력은 보통임
잠재적 진입자의 위협	• 동물 건강진단은 규제가 엄격한 자본 집약적인 사업이며, 시장에 존재하는 공급업체가 시장을 지배하고 있기 때문에 잠재적 진입자에 대한 위협은 낮음
대체재의 위협	• 동물 건강진단에는 직접적인 대체재가 없으므로 대체재의 위협은 낮음
경쟁의 위협	• 동물 건강진단 시장에는 상당한 점유율을 가진 공급업체가 거의 없으며, IDEXX Laboratories와 같은 공급업체는 50% 이상의 시장 점유율을 차지하고 있으며, 다른 공급업체와의 경쟁이 치열하기 때문에 경쟁의 위협은 낮음

[표 12] 글로벌 건강진단 시장 분석

3) 동물용 성장 촉진제 및 증강제[7]

 동물용 성장 촉진제 및 증강제는 바이오 분야에 속하는 기술로 동물의 성장을 촉진하고 성능을 개선하기 위해 동물 사료에 첨가되는 영양물질이다. 동물용 성장 촉진제 및 증강제는 동물의 성능, 사료 효율, 체중 증가, 도체 품질 및 우유 생산과 관련된 최적의 결과를 얻는 데 도움이 되며, 다양한 질병으로부터 동물을 보호한다.

 동물용 성장 촉진제 및 증강제 시장은 광범위하게 항생물질 및 비항생물질 성장 촉진제 및 증강제로 분류된다. 비항생물질 성장 촉진제 및 증강제는 2018년 동물 성장 촉진제 및 증강제 시장에서 가장 큰 비중을 차지한다.

 동물 성장 촉진제 및 증강제는 지속적인 육류 수요 증가, 항생제를 대체하기위한 연구, 전염병 및 환경적 요인 등으로 인해 성장하고 있다. 여러 국가에서 항생제 및 특정 성장 촉진제에 대해 엄격하게 규제하고 있어 성장 촉진제 및 증강제 채택에 제한이 있으며 시장에서 경쟁력을 유지하기 위해 공급 업체들은 다른 공급 업체와 협력하거나 인수하고 있다.

구분	원동력
성장 촉진요인	• 전 세계 육류 수요의 지속적인 증가 • 항생제 및 호르몬제 대체재 연구 및 비항생물질 성장 촉진제에 대한 수요증가 • 동물 전염병의 증가 및 기후 변화
성장 억제요인	• 동물 성장 촉진을 위한 항생제 및 호르몬제의 사용을 제한하는 엄격한 규정
시장 기회	• 환경적 지속성 향상에 집중
성장과제	• 전 세계 사료 공급량 증가 및 높은 사료 비용으로 기존의 사료 공급 시스템 채택

[표 13] 동물용 성장 촉진제 및 증강제 시장의 원동력

7) 동물용 성장 촉진제 및 증강제 시장/연구개발특구진흥재단

동물용 성장 촉진제 및 증강제 산업 환경을 공급자들의 협상력, 구매자들의 협상력, 잠재적 진입자의 위협, 대체재의 위협, 경쟁의 위협에 따라 분석하면 다음과 같다.

분류	주요 내용
공급자들의 협상력	• 특수 사료 첨가제를 제공하는 여러 공급 업체가 있기 때문에 시장은 매우 세분화되어 있음 • 공급 업체의 낮은 전환 비용은 공급 업체의 협상력을 감소시킴 • 따라서 공급자들의 협상력은 예측 기간 동안 낮게 유지될 것으로 예상됨
구매자들의 협상력	• 동물용 성장 촉진제 시장에는 다수의 기업이 있어 다양한 옵션을 선택할 수 있음 • 그러나 항생제 사용에 대한 엄격한 규제로 인해 구매자들의 협상력은 예측 기간 동안 보통으로 유지될 것으로 예상됨
잠재적 진입자의 위협	• 동물 건강에 대한 인식이 높아짐에 따라 새로운 항생제에 대한 수요가 높아지고 있으며, 이러한 수요 증가로 인해 새로운 기업이 시장에 진입 할 가능성이 있음 • 그러나, 새로운 동물용 성장 촉진제로 인해 잠재적 진입자의 위협은 예측 기간 동안 보통으로 유지될 것으로 예상됨
대체재의 위협	• 동물 질병을 치료할 수 있는 많은 천연 항생제가 있음 • 이러한 천연 항생제는 저렴한 비용으로 이용할 수 있으며 다른 건강상의 이점도 있기 때문에 대체재의 위협은 예측 기간 동안 높게 유지될 것으로 예상됨
경쟁의 위협	• 전 세계 동물용 성장 촉진제 시장에는 많은 기업들이 있으며 기업 규모나 파워면에서 차이가 있음 • 이러한 요소는 기업들 간의 경쟁을 증가시키며 시장의 출구 장벽이 낮아 경쟁의 위협은 예측 기간 동안 높게 유지될 것으로 예상됨

[표 14] 글로벌 동물용 성장 촉진제 및 증강제 시장 분석

4) 사료첨가물[8]

 사료첨가물은 동물 사료의 첨가제로 사료로부터 얻을 수 없는 동물에게 추가적인 영양, 단백질, 비타민, 미네랄을 제공하고 동물의 면역력을 향상시키는 보충제다. 사료첨가물은 사료의 품질과 가축의 성장 효율을 향상시키고 질병을 예방하며, 사료 활용도를 향상시켜 가축의 성능과 건강을 증진시키므로 동물 영양에 필수적이다. 또한, 사료첨가물은 가축에서 얻은 음식의 수율과 품질을 향상시킨다.

 사료첨가물은 가축과 가금류에 저비용으로 고품질 사료를 대량 공급하는 데 중요한 역할을 하며 우유, 육류, 계란 및 기타 농산물의 품질을 향상시킨다. 우유, 육류 및 계란의 품질은 농장 동물에게 제공되는 동물 사료와 함께 사료첨가물의 최적 사용에 달려 있다. 사료첨가물의 최적 사용은 가축의 영양 결핍 및 성능 문제를 극복하는 데 도움이 되고 동물의 성장에 필요한 사료의 양을 줄이기 위해 사료의 최적 활용을 지원한다. 또한, 사료첨가물은 가축의 건강을 증진시키고, 농산물의 고품질 표준을 준수하며, 사람이 안전하게 섭취할 수 있도록 한다.

 축산물의 소비 증가, 사료 생산의 증가, 질병 발생으로 인한 육류 제품의 표준화 및 육류 품질을 개선하기 위한 혁신적인 축산 관행의 구현으로 사료첨가물의 소비가 증가했다. 단위 동물을 위한 자연 성장 촉진제 및 영양 보충제에 대한 수요의 증가는 사료첨가물 제조업체에게 성장 기회를 제공했다. 사료첨가물 시장의 성장은 가축과 가금류 제품에 대한 세계적인 수요 증가, 개선된 기술을 통한 전 세계 사료 생산량 증가, 박테리아에 의한 오염으로 인해 육류 제품의 표준화가 증가함에 따라 가축에 대한 관심이 높아지고 있는데 있다.

구분	원동력
성장 촉진요인	• 동물계 제품의 수요량·소비량 증가 • 사료 생산량의 증가 • 사료 품질에 대한 관심 증대 • 감염증 유행에 수반하는 식육 제품의 표준화 • 혁신적 가축 사육 수단의 도입에 의한 육류 품질의 향상
성장 억제요인	• 세계 각국에서의 항생제 사용 금지 • 원료 가격의 변동 • 엄격한 규제 체제
시장 기회	• 천연성 성장촉진물질로의 이동 • 비반추 동물용 영양 보조제의 수요 증가
성장과제	• 아시아 지역 기반의 유전자 재조합형 사료첨가물의 품질관리 • 사료·가축 밸류체인의 지속가능성

[표 15] 글로벌 사료첨가물 시장의 원동력

---

8) 사료첨가물 시장/연구개발특구진흥재단

 사료첨가제 산업 환경을 공급자들의 협상력, 구매자들의 협상력, 잠재적 진입자의 위협, 대체재의 위협, 경쟁의 위협에 따라 분석하면 다음과 같다.

분류	주요 내용
공급자들의 협상력	• 전 세계 사료첨가물 시장의 공급업체는 원료에 크게 의존함(예를 들어 옥수수 시럽은 아미노산 제조에 사용됨) • 원료 가격의 변동성은 사료첨가물 공급에 영향을 미치고 협상력을 높임 • 따라서, 2018년의 공급자들의 높은 협상력은 예측기간 동안 동일하게 유지될 것으로 예상됨
구매자들의 협상력	• 전 세계 사료첨가물 시장은 사료첨가물을 제공하는 수많은 공급업체가 존재하는 것이 특징이며, 구매자들은 그들 사이에서 전환을 선택할 수 있음 • 또한, 구매자들의 낮은 수익성은 그들의 협상력을 높임 • 따라서, 2018년의 구매자들의 높은 협상력은 예측기간 동안 동일하게 유지될 것으로 예상됨
잠재적 진입자의 위협	• 대량 생산을 통해 제조업체가 제품당 비용을 절감할 수 있기 때문에 규모의 경제는 신규 진입자들에게 상당한 도전을 요구함 • 또한, 높은 자본 투자의 필요성은 전 세계 사료첨가물 시장에 진출하려는 신규 진입자들에게는 경제적인 장벽으로 작용함 • 따라서, 이러한 모든 요소는 예측 기간 동안 신규 진입자의 시장 진입을 제한할 것으로 예상됨
대체재의 위협	• 사료첨가물의 직접 대체재 사용은 불가능하기 때문에 예측기간 동안 전 세계 사료첨가물 시장에 대한 대체재 위협은 낮을 것으로 예상됨
경쟁의 위협	• 전 세계 사료첨가물 시장에서 경쟁의 위협이 높은 것은 많은 글로벌 및 지역 기업들이 존재하기 때문임 • 인수합병(M&A)을 통해 시장 점유율을 높이고 지역 시장을 넘나들며 입지를 다지기 위해 끊임없이 노력하는 기존 기업들 간의 경쟁이 치열함 • 또한, 가격, 가용성, 품질, 영양 가치 및 다양한 제품과 같은 요소를 기반으로 경쟁자가 경쟁하고 있음

[표 16] 글로벌 사료첨가물 시장 분석

03

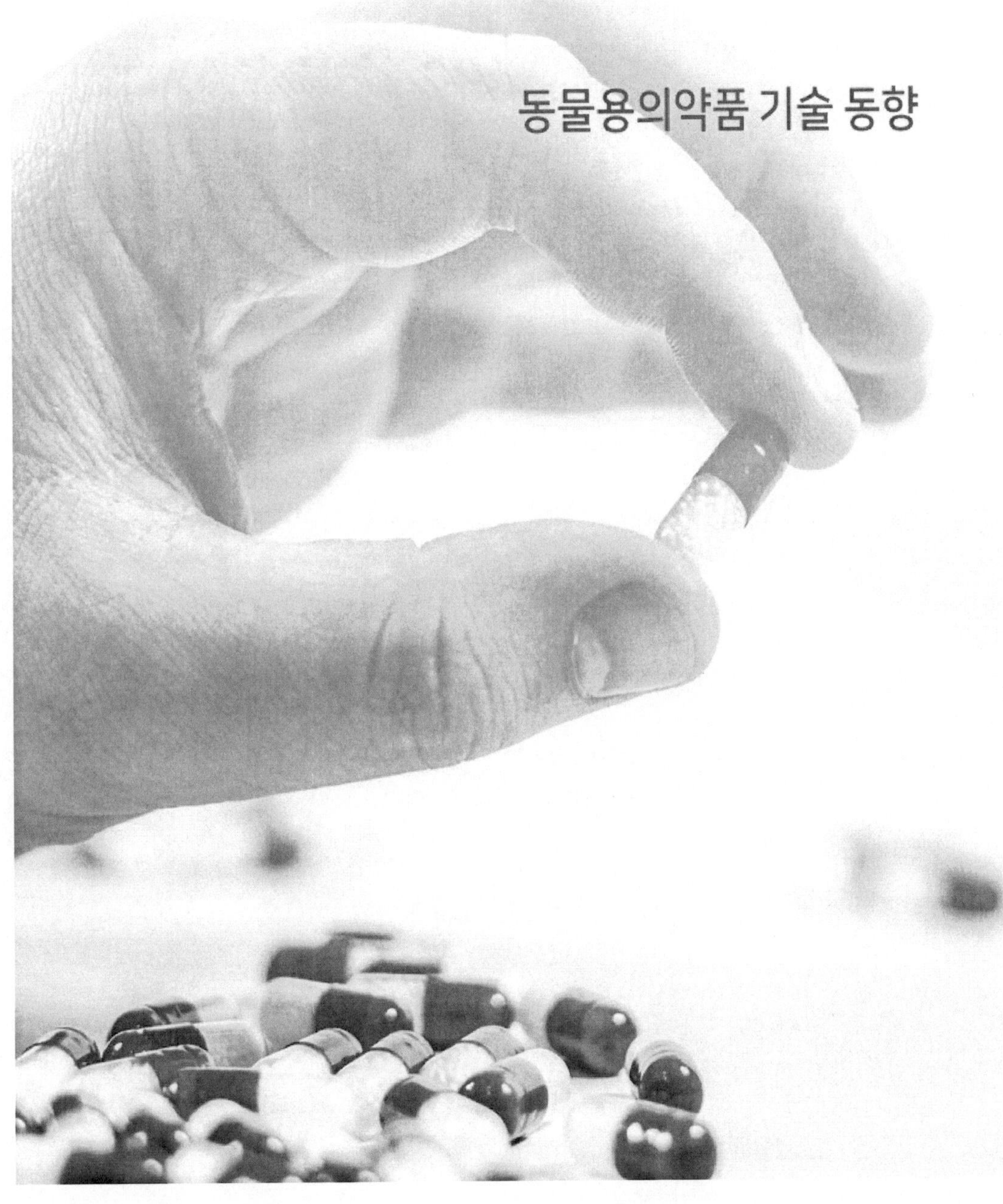

동물용의약품 기술 동향

3. 동물용의약품 기술 동향

가. 백신[9]

동물용 백신은 동물약품과 호르몬제의 사용감소, 식품에 동물용의약품의 잔류의 감소를 통하여 공중보건에 중요한 영향을 미치고 있다. 축산에서 항생제의 사용은 이미 심각하게 제한되고 있으며, 유럽연합은 최근 가금류의 항콕시듐제 사용을 금지하였다. 또한, 백신은 가축과 반려동물의 복지에도 기여하고 있다

동물용 백신을 개발하는 과정은 인체용 백신 개발의 장점과 단점을 모두 가지고 있다. 한편으로, 동물용 백신 생산자들의 잠재적인 수익성은 낮은 가격, 적은 시장규모 등으로 인체용 백신 생산자들에 비하여 훨씬 적으므로, 숙주와 병원체의 범위와 복잡성은 더 크면서도 동물 백신 분야의 연구개발 투자는 인체용 백신분야보다 훨씬 적다. 반면에, 동물용 백신은 인체용 백신 개발에서 가장 비용이 많이 드는 전임상시험 요건이 덜 엄격하여 단기간에 출시가 가능하고 연구개발 투자의 회수가 가능하다.

인체용 백신 개발과는 다르게, 수의학연구자들은 관련되는 목적동물에 대한 즉각적인 연구의 수행이 가능하다. 백신은 감염 후 임상증상을 예방하거나, 어떤 모집단에 대하여 어떤 한 가지 전염병을 근절 또는 배제하는데 사용될 수 있다. 백신의 효과와 작용 기전(메커니즘)은 요구되는 결과에 따라 달라질 수 있다.

1) 동물용 바이러스성 백신

동물의 바이러스성 전염병은 효과적인 항 바이러스성 약제를 이용할 수 없기 때문에 병원체에 노출을 제한하는 위생적 수단과 백신접종이 질병을 예방하고 통제하는 유일한 방법이다. 바이러스(특히 RNA 바이러스)는 변이가 심하고, 많은 바이러스 감염은 다양한 혈청형(예: 구제역, 블루텅, 인플루엔자 바이러스)에 기인한다. 그 결과, 기존의 많은 백신은 흔히 야외에서 유행하는 혈청형이나, 새로운 질병을 일으키는 혈청형에 대처할 수 없게 되었다.

다수의 재래식 바이러스 생백신과 불활화 백신이 오랫동안 반려동물과 산업동물에 통상적인 백신접종 지침에 따라 사용되어왔으며, 점점 다수의 합리적으로 설계된 서브유닛(subunit) 백신들이 시장에 나오고 있다.

가) 기존 바이러스 생백신 및 불활화 백신

대부분의 동물용 바이러스 생백신은 숙주 가 아닌 동물 또는 다른 세포주나 계태아 에서 계대배양을 통하여 약독화한 미생물로 가벼운 감염을 일으킨다. 약독바이러스주는 무작위 돌연변이와 병원성 감소 선발을 통하여 얻어진다.

---

9) 동물용 백신의 현황, 박종명/대한수의사회지

살아있는 미생물은 대상 세포에 감염될 수 있으므로, 이들 백신은 증식할 수 있고 세포성면역과 체액성 면역을 유발할 수 있으며, 일반적으로 면역증강제를 필요로 하지 않는다. 또한 생백신은 음수나 비강 또는 점안 접종할 수 있다는 장점이 있다. 그러나, 이들 제품은 독성이 남아있거나, 병원성이 있는 야외바이러스로 복귀할 수 있는 위험이 있고, 환경오염의 가능한 원인을 제공할 수 있다.

백신의 등록과정에서 이러한 문제에 대해 보증할 수 있는 자료를 요구하지만, 현장에서는 문제가 발생할 수 있다. 이러한 문제는 1996년 덴마크에서 벌어졌다. 유럽형 PRRS 바이러스에 대하여 북미형 PRRS 바이러스의 약독생백신이 접종된 후 약독화된 백신 바이러스가 병원성으로 복귀하여 백신접종 돼지 집단에 퍼졌고, 다시 백신접종 돼지에서 백신 비 접종 돼지에 퍼져 덴마크 돼지에 두 가지 바이러스 형이 남아 있게 된 것이다.

생백신은 이러한 약점에도 불구하고, 우리나라에서 우역이 근절된 것처럼 우역 바이러스의 실질적인 지구상의 퇴치에 중요한 역할을 성공적으로 해내었다. 바이러스의 불활화 또는 사독백신은 일반적으로 생백신에 비하여 병원성 복귀의 위험이 없어 더욱 안정적이나, 세포에 감염하여 세포독성T 세포를 활성화하는 능력이 없으므로 백신의 방어율은 훨씬 낮다.

그 결과 이들 백신은 일반적으로 강력한 면역증강제를 요구하고, 요구되는 수준의 면역을 일으키기 위하여 반복접종해야 하는데, 이는 통상 질병의 임상증상을 통제하는데 유효하다. 면역증강제가 첨가된 불활화백신은 자가면역질환, 알레르기 및 백신 접종부위의 육종 발생 등을 유발함으로 보다 커다란 위험이 있다.

바이러스의 불활화는 일반적으로 열이나 화학물질에 의하여 이루어진다. 고가의 생산비용과 면역증강제의 필요성은 불활화백신의 제조에 더욱 많은 비용이 들게 한다. 다양한 종류의 바이러스성 질병에 대한 불활화 바이러스 백신이 수십 년 동안 이용 되어 왔고, 지금도 최근에 발생한 몇 가지 질병에 대하여 개발되고 있다.

나) 감별백신(DIVA Vaccines)

몇 가지 가축의 바이러스질병에 효과적인 재래식 백신이 있기는 하지만, 혈청학적 검사에 의한 질병 감시체계를 방해할 수 있어 사용되지 못하고 있다. 이는 종종 한 국가의 질병 청정화 상태를 위협하기도 한다. 전형적인 예가 소 구제역이다. 비록 불활화 구제역백신을 여러 해 동안 사용할 수 있었고, 질병의 임상증상을 통제하는데도 매우 효과적 이었지만, 구제역 청정국가에서는 이들 백신이 청정상태를 손상하여 국제무역에 영향을 끼친다 하여 사용하지 않는다. 그럼에도 불구하고 재래식 백신은 유행지역의 질병발생을 감소시키는 데 공헌했다.

최근 네덜란드에서 구제역이 발생하였을 때는 전파를 축소시키기 위하여 백신접종이 이용되기도 했다. 그렇지만, 백신접종 가축은 그 후에 도태되어 이 나라의 신속한 구제역 청정국 상태 확립을 가능하게 하였다.

병원체의 유전자를 확인하고 선택적으로 제거하는 기술은 적절한 진단분석기법과 결합 하여 백신에 의한 항체와 야외의 병원체 바이러스의 감염에 의하여 발생한 항체의 감별에 의하여 백신접종동물에서 감염축을 구별(differentiating infected from vaccinated animals, DIVA) 할 수 있게 하였다. 이러한 감별백신과 진단기법은 소 전염성 비기관염(IBR), 오제스키병 (Aujesky's disease, Pseudorabies), 돼지콜레라(CSF), 구제역(FMD)을 포함한 몇 가지 질병 에 이용 및 개발되고 있다.

돼지콜레라는 국제 수역사무국의 보고의무 질병으로, 세계적으로 돼지의 가장 중요한 전염성 질병이다. 이 질병의 고전적인 임상증상은 고열과 의기소침, 식욕부진, 결막염을 수반하는 급성 출혈성 반응이다. 감염률과 사망률이 매우 높아 100%까지 달한다. 그러나 이 질병은 또한 아급성, 만성, 그리고 때로는 무증상 감염을 나타내기도 한다. 가축사육밀도가 높은 지역에서 는 대량의 살처분 정책이 커다란 문제로 제기되고 있어, 구제역 감별백신에 대한 투자가 많이 이루어지고 있다. 백신접종에서 서브유닛항원의 접근은 제한된 수의 항원결정기만이 동물의 면역계에 제공되어 대부분 효과가 없었고, 방어에는 다수의 항원이 일반적으로 요구되었다.

현재의 연구는 주로 여러 가지 발현 시스템에서 생산된 빈 캡시드(empty capsid)를 포함한 캡시드(바이러스의 핵산을 싸는 단백질의 외각) 단백질의 조합과 비구조 단백질에 대한 항체 의 민감한 검사법(ELISA) 개발에 집중되고 있다. 감별백신이 고도로 요구되지만 현재 이용할 수 없는 질병으로는 소의 블루텅, 바이러스성 설사, 말 바이러스성 동맥염, 조류의 뉴캣슬병과 조류인플루엔자가 있다.

다) 분자구조가 정해진 서브유닛 백신

바이러스 방어항원의 동정으로 방어항원의 분리와 재조합 생산이 가능하게 되어 안전하고 증 식하지 않는 백신을 투여할 수 있다. 그러나, 일반적으로 분리된 항원은 방어효과가 빈약하여 강력한 면역증강제 와 함께 반복접종이 요구되었고, 이러한 단점은 시장경쟁력을 떨어뜨렸다. 이러한 한계에도 불구하고, 몇 가지 효과적인 서브유닛 백신의 예가 있다.

PCV2는 돼지의 이유후전신소모성증후군(PMWS)의 주요한 병원체로 알려졌다. 최근, PCV2의 방어 ORF2 단백질을 생산하는 재조합 배큘로바이러스가 돼지의 백신에 이용될 수 있게 되었 고, 이 백신은 우리나라에도 최근 등록되었다.

다우아그로사이언스(Dow AgroSciences)사는 2005년 미국에서 가금류의 뉴캣슬병 바이러스 에 대한 최초의 식물유래 백신을 성공 적으로 등록하였다. 재조합 바이러스 HN 단백질은 아 그로박테리움의 형질전환을 통하여 식물세포주에서 생산되고, 바이러스의 공격으로부터 병아 리를 성공적으로 방어할 수 있었다. 이 과정은 규제당국의 백신의 타당성 증명 시험으로, 제 품은 아직 시장에 나오지 않았다.

라) 유전자변형 바이러스 백신

완전한 DNA 배열과 유전자 기능의 보다 많은 이해는 잘 규정된 안정적으로 약독화된 생독 또는 불활화 백신을 생산하기 위하여 바이러스 유전자에 특수한 변이나 결손을 하게 하였다. 오제스키병에 대한 유전자 결손 백신은 돼지의 오제스키병을 통제하고, 감별진단을 할 수 있게 하였으나, 오제스키병 바이러스 들의 재조합에 대한 우려가 문제가 되고 있다. 마찬가지로, thymidine kinase를 결손 시킨 소헤르페스바이러스 1형(BHV-1) 백신은 잠복감염과 관련이 있고, 덱사메타손 치료로 재활성화 된다. 그래서 안전성을 향상시키기 위하여 다수의 유전자를 결손 시키는 것이 제안되었다.

유전자를 변형시킨 바이러스 백신에서 중요한 발전은 두 개의 전염성을 갖는 바이러스 게놈의 양상을 결합한 키메라 바이러스의 생산이다. 키메라 PCV1-2 백신은 비병원성의 PCV1 유전자에 면역원성의 PCV2의 캡시드 유전자를 클론한 것으로 돼지에서 야외형 PCV2의 공격접종에 방어하는 면역을 형성한다. 이러한 접근에 있어 보다 고도의 발전은 최근 개발된 조류인플루엔자 바이러스 백신이다.

이 백신은 H5N1 바이러스에서 다염기 아미노산 배열을 제거하여 불활화 함으로써 혈구응집소(HA) 유전자를 결손시키고, H2N3 바이러스에서 NA 유전자를 H1N1 백본바이러스에 결합시킨 것이다. 이렇게 만들어진 불활화된 H5N3 발현 바이러스를 함유한 백신은 오일 형태로 접종되어 고병원성의 H5N1 바이러스로부터 닭과 오리를 방어한다.

마찬가지로, 말의 웨스트나일 바이러스(WNV)에 대한 생독의 플래비바이러스 키메라 백신이 2006년 미국에서 등록되었다. 이 키메라 백신에서는 약독화된 황열YF-17D 백본 바이러스의 구조유전자가 관련 웨스트나일 바이러스의 구조유전자로 대체되었다. 이렇게 만들어진 키메라 백신은 웨스트 나일 바이러스의 PreM 과 E 단백질을 표현하나, 뉴클레오캡시드 단백질, 비구조단백질, 바이러스 증식의 원인이 되는 nontranslated termini는 본래의 황열 17D바이러스의 것이 남아있었다. 1회 접종으로, 이 백신은 말에서 어떠한 임상증상이나 전파 없이 세포성 및 전신성 면역반응을 자극하였고, 12개월까지 웨스트나일바이러스 (WNV)의 공격접종을 방어하였다. 유사한 백신이 사람의 WNV 백신으로 제안될 수 있을 것이다.

마) 생 바이러스 벡터백신

우두, 계두, 카나리폭스 바이러스를 포함한 두창바이러스는 1982년 처음 제안 된 것처럼 백신의 항원과 사람의 유전자 치료를 위한 외부 유전자의 벡터로 사용되었다. 두창바이러스는 다량의 외부 유전자를 수용할 수 있으며, 포유류의 세포에 감염할 수 있어 다량의 삽입된 단백질을 발현하게 된다. 특별한 성공사례는 유럽의 여우와 미국의 여우, 라쿤, 그리고 코요테 같은 야생 육식동물의 미끼용 경구용 재조합 우두-광견병 백신을 개발한 것이다.

광견병 바이러스는 negative-stranded Rhabdoviridae RNA virus로서 감염된 동물에 물려서 주로 침을 통하여 전파되어 발생한다. 사람의 주 감염 경로는 개와 고양이를 포함한 가축용 숙주동물이다. 광견병은 모든 포유동물에 감염된다.

바이러스는 중추신경계로 들어가서 일단 증상이 나타나면 항상 치명적인 뇌척수염의 원인이 된다. 전 세계적으로 해마다 수천 명의 사람들이 이 질병으로 죽는다.

광견병의 방어용 당단백질G를 발현하는 재조합 우두 바이러스 벡터를 함유한 미끼형태의 경구 백신이 있다. 몇몇 서유럽 국가에서 여우 광견병 바이러스에 대한 수년간의 백신접종 운동으로 프랑스와 벨기에의 육상동물에서 광견병 바이러스가 성공적으로 근절된 사례처럼, 야생 육상숙주동물에서 광견병이 근절될 수 있었다. 우리나라도 이 광견병 미끼백신을 강원도, 경기도의 휴전선 부근 광견병 발생지역의 야생동물(너구리)을 대상으로 시험하고 있다.

카나리폭스바이러스 벡터시스템은 웨스트 나일바이러스(WNV), 개 디스템퍼 바이러스, 고양이 백혈병 바이러스, 광견병바이러스, 말 인플루엔자 바이러스를 포함한 많은 동물용 백신의 플랫폼이 되었다. 카나리 폭스바이러스는 원래 카나리의 두창 부위에서 분리하여 계태아 섬유아세포에서 200대 이상 계대 배양한 다음 프라크 정제하였다. 카나리폭스 바이러스와 계두 바이러스는 우두바이러스보다 더 숙주 제한적인 장점이 있다. 포유류 세포에서 불현성감염을 나타내면서도 카나리 폭스바이러스 재조합형은 삽입한 외부 유전자를 효과적으로 표현하였다.

몇몇 동물용 바이러스 백신이 ALVAC벡터 시스템을 사용하여 생산되고 있다. 그 중에서도, H3N8 Newmarket 과 Kentucky주의 혈구응집소 유전자를 표현하는 카나리 폭스벡터를 사용한 새로운 말 인플루엔자 바이러스 백신이 최근 유럽연합과 미국에서 등록되었다. 이것은 polymer 면역증강제를 함유하고 있고, 세포성 및 전신성 면역을 유발하여 2차접종 2주 후에 sterile immunity를 생성한다고 한다. 이 새로운 백신은 고병원성의 N/5/03 말 인플루엔자 바이러스 아메리카주에 대하여 말을 방어하고, 바이러스의 배출을 배제하여 바이러스의 확산을 예방하도록 설계되었다.

트로박 AIH5 는 조류인플루엔자 바이러스의 H5 항원을 표현하는 재조합 계두 바이러스 백신이다. 이 백신은 1998년 이래 미국에서 비상용으로 조건부 승인을 받았으며, 중부 아메리카에서 20억 마리 이상 접종되는 등 광범위하게 사용되고 있다. 백신을 접종한 조류는 matrix protein이나 핵단백질에 대한 항체를 만들지 않아 감별용(DIVA)으로 사용될 수 있다. 최근에 기존의 약독화된 뉴캣슬병 바이러스 백신주를 backbone으로 하여 키메라 조류 인플루엔자 백신이 생산되고 있다. 이 키메라백신은 야외 인플루엔자와 뉴캣슬병 바이러스에 대하여 각각 강력한 면역을 형성하였다. H5N1주는 2003년 우리나라를 포함한 동남아시아에서, 그리고 H7N7주는 네덜란드에서 조류인플루엔자 발생의 원인이 되었다.

바) DNA 백신

 동물을 방어용 바이러스 항원이 암호화된 DNA로 면역하는 것은 생백신의 안전성과 벡터의 면역원성 문제를 극복할 뿐만 아니라 항원의 세포내 발현후에 세포 독성T 세포의 유발을 촉진하여 여러 가지 면에서 바이러스 백신의 이상적인 방안이 되고 있다. 더욱이 DNA 백신은 매우 안정하여 냉장유통을 필요로 하지 않는다.

 한편, 대동물의 DNA 백신접종은 초기 마우스에서처럼 효과가 인정되지 않았지만, 몇몇 연구진은 백신 항원의 antigen presenting 세포의 표적화, CpG 올리고데옥시누클레오타이드 자극과 함께 priming-boosting, 그리고 DNA의 생체전기 천공법과 같은 혁신기술을 사용하여 면역반응 에서 중요한 진전을 이루었다.

 어류 바이러스에 대한 DNA 백신은 이러한 접근방법이 특별히 유효할 것으로 보이며, 꽤 많은 연구가 진행되고 있다. 그 중에서도 식용어류에 대한 DNA 백신은 대서양 연어 전염성조혈기괴사증을 예방하기 위하여 2005년 캐나다에서 등록되었다. 전염성조혈기괴사증은 야생 연어의 지방병으로 이 병에 노출된 적이 없는 양식 연어를 황폐시킬 수 있다. 이 DNA 백신은 전염성 조혈기괴사증 바이러스의 표면 당단백질이 암호화되어있고, 근육내로 투여된다.

 웨스트나일바이러스에 의하여 일어나는 바이러스혈증에 대하여 말을 보호 하는 DNA백신이 어류 DNA 백신과 거의 비슷한 시기에 미국 에서 허가를 받았다. 웨스트나일 바이러스 감염은 일본뇌염 바이러스군에 속하는 플라비 바이러스가 원인이다. 이 질병은 아시아와 아프리카 일부 지방의 지방병이었으나 1999년 미국에서 뉴욕의 조류, 말 그리고 사람에서 발생한 것이 처음으로 발견되었고, 신속하게 다른 여러 주로 퍼졌다. 이 백신의 DNA 플라스미드는 웨스트나일 바이러스의 외막 단백질이 암호화되어 있고, 특허받은 면역증강제 와 함께 투여된다. 이 백신은 제조자가 이미 웨스트나일바이러스 백신을 판매하고 있기 때문에 상업적 제품보다는 building platform 의 일부분으로 생산되고 있다.

 이 두 가지 DNA 백신의 성공은 다른 어떤 특수한 기술적 진전보다도 더 좋은 결과를 가져올 것으로 보인다. 어류의 근육 내에 DNA 흡수가 매우 효과적이고, 웨스트나일 바이러스의 바이러스 단백질이 자연적으로 고도의 면역원성 바이러스 양분자를 생산하여 특히 효과적이기 때문이다. DNA 백신의 광범위한 응용은 각각의 숙주-병원체 조합에 따라 더욱 개량과 최적화가 요구될 것으로 보인다.

2) 동물용 세균성 백신

많은 약독화 생균 또는 불활화세균 백신이 수십 년 동안 수의분야에서 세균성 질병의 예방을 위하여 이용되어 왔다. 대부분의 약독화된 균주들에서, 약독화의 특성은 알려져 있지 않고, 증명된 기록은 있으나 기초가 되는 유전적 특질을 특정하기에는 빈약하다. 어떤 경우에는, 오래되고 잘 알려진 생균주가 충분히 방어하지 못하여 이를 개량하거나 새로운 백신을 개발한다든지 또는 우결핵, 가성결핵, 브루셀라병 같은 질병에 대한 백신접종방법을 개량하는 연구가 계속되고 있다.

일반적으로 불활화 백신은 하나 또는 그 이상의 세균종이나 혈청형 또는 보다 잘 규명된 서브유닛 항원을 오일이나 수산화알루미늄 면역증강제와 처방한 균액으로 흔히 구성된다. 기술을 이용할 수 있게 된 이래로, 많은 제조기준이 확립된 세균성백신은 충분히 효과적이므로, 이들 전통적인 백신과 질병에 대하여는 회사의 website를 참조할 수 있다.

생균 또는 사균의 자가백신은 상업적 백신을 이용할 수 없는 곳에서 농장의 특별한 요구에 의하여 지역 수의연구소나 특화된 회사에서 생산될 수 있다. 우리나라도 이러한 자가백신 제도를 채택하고 있다.

가) 재래식(기존) 생균백신

현대 기술의 진보에도 불구하고, 약독화 특성이 확인되지 않은 채 새로운 생균백신이 시장에 계속 나오고 있다. 이러한 예의 하나가 세포내에서만 기생하는 세균인 Lawsonia intracellularis 에 의하여 발생하는 돼지의 증식성 장질환에 대한 새로운 생균백신이다. 이 질병의 원인이 되는 L. intracelluralis 는 1993년에 확인되었다. 그러나 원인균의 많은 특성과 면역 병인론이 밝혀져야 할 과제로 남아있다. 이 백신주는 임상분리주를 배양한 것으로 야외주로부터 분리한 이 균주의 표현형이나 유전자형의 특성이 없다. 이 백신의 경구투여후에 분변내 세균의 배출이 없거나 지연되고, 전신성 또는 세포성 면역의 유발이 낮거나 없어졌지만, 백신을 접종하지 않은 돼지에 비하여 공격접종시 세균의 분변내 배출이 감소하고, 증체가 향상되었다. 이 백신은 돼지의 회장염에 관련된 성장 불균형을 감소시키고 증체율을 향상시키기 위하여 승인되었으며, 음수를 통하여 투여된다.

나) 재래식(기존) 불활화 백신

새로 추가된 중요한 분야가 개의 치주질병에 대한 Porphyromonas gulae, P.denticanis, 및 P.salivosa 불활화 백신이다. 이 백신은 이 3종의 세균이 개의 치주낭에서 가장 일반적인 검은 색소를 형성하는 혐기성세균이 되는지를 확인하는 연구에 기초하고 있다. 마우스 모델에서 모두 병원성이었다. P. gulae 로 백신을 만들어 마우스의 피하로 투여하여 치조골의 손실의 현저한 감소가 가능하였다. 개에서 백신의 성능에 대해 공표된 세부사항은 없지만, 효능과 역가시험이 미네소타대학 수의학 센터에서 진행되고 있다. 공표된 유효성 자료의 부족에도 불구하고 이 백신은 현재 뉴질랜드에서 완전히 승인을 받았고 미국 에서도 조건부 승인을 받았다.

영국에서는 2001년부터 무지개송어의 여시니아가 원인이 되는 붉은입병에 대한 사균 경구용 백신이 이용 되었고, 지금은 다수의 유럽국가에서 승인 되었다. ERM병은 여러나라에서 양식 무지개 송어의 여러 조직과 장기, 특히 입 주위와 장에서 충혈과 출혈을 특징으로 하는 중대한 전염성 질병이다. 이 질병은 치사율이 아주 높고, Y. ruckeri 세균은 어류의 수조탱크 표면에 생물막을 형성하여 수산양식 환경에 감염원으로 지속적으로 존재하며 재발감염의 가능성이 있다. 부화장에서 치어를 30초간 백신액에 약욕하는 것으로 치어기의 초기면역이 이루어지나 드물게는 출하시까지 지속되기도 한다. 주사에 의한 추가접종은 효과적이기는 하나, 시간과 노력이 많이 들고 어류에 스트레스가 심할 수 있다. 이 경구용백신 첨부문서에는 일차 약욕 백신 접종과 4 ~ 6개월 후 사료 펠렛에 흡착시켜 경구로 보강 접종하는 것을 추천하고 있다. 일차와 보강접종 백신의 조성은 모두 불활화 시킨 세균 배양물로서, 경구접종을 하기 위해서는 항원이 소화관의 산성환경을 통과하여 후장의 해당부위에 도달할 수 있도록 '항원보호운반체'와 결합되어 있다. 항원보호운반체의 특성은 제품에 레시틴과 어류 기름이 존재한다고 하는 것으로 보아 사균이 리포솜 구조에 결합된 것으로 보인다.

Aeromonas salmonicida가 원인이 되는 절종증과 Vibrio anguillarum가 원인이 되는 비브리오증에 대해 비슷한 백신이 개발되었고, 칠레에서는 연어에 사용하기 위하여 전염성 췌장괴사증 바이러스에 대한 경구용 백신이 등록되었다. 이상이 수의학에서 세균성질병에 대하여 승인된 불활화 점막백신이다.

다) 유전자 결손(조작) 백신

전통적으로, 생백신을 만들기 위한 세균의 약독화는 병원성이 없으면서도, 병원체와 같은 형의 증식할 수 있는 어떤 변이주가 나올 것을 기대하면서 여러 가지 배지에서 여러 번 계대배양을 하여 이루어졌다. 그러나, 현재 사용되고 있는 분자학적 방법은 얻어진 주의 유전자의 결손/변이가 확인될 수 있으며, 이미 알려진 유전자의 특별한 조작으로 목적하는 생백신의 설계가 가능하다. 이들 조작의 목표는 질병의 감염을 억제하는데 중요한 대사과정을 맡지만 병원성인자에 대해서는 면역반응을 나타내는 유전자이다. 대신, 병원성 관련 유전자의 조작이 목표가 되면, 방어적 면역반응을 원할 경우 더 문제가 된다.

유전자 조작 백신은 Streptococcus equi에 의해서 말에서 발생하는 전염성이 아주 높은 질병인 선역에 대하여 생산 되었다. 이 질병은 발열과 심한 콧물 흘림 그리고 목과 머리의 림프절에 농양이 발생 하는 것을 특징으로 한다. 농양이 터지면서 나오는 고름은 전염성이 아주 높고, 감염된 림프절의 부어오름은 심한 경우 기도를 막아 여기에서 병명이 유래되었다. 시판 주사용 사균백신이나 단백질추출 백신은 고도의 혈청항균항체를 유발할 수 있으나, 이 항체의 방어효과는 의심스러우며, 야외에서 불활화백신의 방어효과는 기대에 어긋났었다.

캡슐이 없는 약독화주에 근거한 비강용 생균백신이 1998년 출시된 이후부터 북미에서 광범위하게 사용되고 있다. 그러나, 이 약독화 변이주는 아직 정의되지 않았고, 백신주는 때때로 야외주와는 구분할 수 없는 공격적인 점액표현형 균주로 복귀한다. Pinnacle 주는 보다 안정화된 히알루론산 합성 효소를 결손시킨 변이주로 정의되었다.

그러나, 이 새로운 주가 시판제품의 원래의 백신주를 대체했는지는 분명하지 않다. 최근에, Equilis StrepE 백신이 유럽에서 승인받은 S. equi TW928에서 aroA 유전자의 bp 46~978을 결손시킨 변이주가 만들어 졌다. 이 변이주는 전기천공법으로 유전자 녹아웃(knockout)과 유전자 결손을 하여 구성하였다. 항생제 내성 마커 같은 외부 DNA 는 도입되지 않았다. 그러나 백신주는 부분적 유전자 결손을 aroA PCR 확인에 의하여 확인할 수 있다고 한다.

생균 유전자 결손 약독백신주는 비강내에 적용하기 위하여 독창적으로 개발되었다. 그러나 방어효과는 주사 다음에 백신접종부위에 근육조직의 국소적 부종과 농양을 형성하는 근육주사에 의해서만 이루어졌다. 그러나, 백신을 윗입술의 점막 하에 투여하면, 최소의 국소반응과 함께 근육내 투여와 비교되는 방어를 해주는 것을 보여주었다. 이에따라 이 백신은 이러한 특이한 투여경로와 함께 등록 되었다.

클래미디아는 광범위한 숙주 영역에서 다양한 질병을 유발하는 세포내에만 기생하는 세균이며, 몇 종류는 인수공통이다. 가장 중요한 수의학상의 종류는 클래미디아 시타시이며, 조류의 호흡기감염증을 유발하고, 클래미도 필라 아보투스는 전 세계적으로 양과 산양에서 유산의 가장 중요한 원인이 되는 양의 지방병성유산의 원인이 된다. 두 질병은 모두 인수공통전염병이다. 조류와 가금류용 백신을 이용할 수 없어, 양지방병성유산 불활화백신이 여러 해 동안 이용되어 왔다. 또한 최근에는 C. abortus 표준주 AB7을 nitroguanidine 돌연변이에 의하여 얻은 온도감응성 변이주인 TS1B 가 양의 유산을 예방하기 위하여 사용되고 있다. 이 온도 감응성 변이주는 최적발육온도가 38℃이며, 제한온도인 39.5℃에서는 발육이 저해된다. 다 자란 양의 정상 체온은 38.5℃ ~ 40.0℃ 이다. 이 백신은 양과 염소 그리고 생쥐에서 효과적인 그리고 오래 지속되는 방어를 해준다. 그러나, 이 백신은 양에게만 승인되어 있고, 염소에는 승인되어 있지 않아 효과적인 서브유닛 백신의 개발을 위한 연구가 계속되고 있다.

온도감응성 변이주 백신은 점안(點眼), 분무 또는 흡입 백신으로 개발되어 판매된 바 있다. 이들 백신에는 닭의 Mycoplasma synoviae와 M. gallisepticum에 대한 백신과 칠면조의 보데텔라 애비움에 의한 비기관염백신이 포함된다. 잘 규정되고 목적에 순화된 유전자 조작생균은 재래식 주사용 백신보다 많은 잠재적인 이점과 함께, 이동되는 항원의 점액성 운반체로써 좋은 조건을 제공해 준다. 바이러스 백신과는 다르게 현재로서는 세균의 백본을 기초로 하여 다른 병원체의 항원을 운반, 전달해주는 상품화된 벡터백신은 없지만, 몇 가지 세균성 벡터가 아주 유망한 결과를 보여주고 있다.

라) 서브유닛 백신

돼지 전염성 흉막 폐염은 급성형의 경우 출혈성 괴사성 폐염과 높은 폐사율을 나타내는 돼지에 만연하는 심한 질병이다. 이 질병은 방선균에 의하여 발생하며, 15종의 다른 혈청형의 유행으로 균체사독백신의 접종에 의한 예방은 매우 제한되어 있다. 최근, 모든 혈청형에 교차방어가 어느 정도 가능한 균체가 아닌 2세대 A. pleuropneumonia 서브유닛 백신이 4종의 추출단백질 또는 5종의 재조합 단백질로 개발되었다.

A. pleuropneumonia 감염의 병리학적 결말은 대부분 모든 혈청형에서 최소2종 이상이 결합하여 나타나는RTX 외독소 ApxI, ApxII, ApxIII 및 ApxIV 에 의한 구멍을 형성 하는 것이다. ApxI 과 ApxII를 모두 나타내는 혈정형은 특히 병원성이 강하다. RTX 독소 단독으로 백신접종을 하면 돼지를 폐사로부터 보호하나 전형적인 폐병변을 감소시키지는 못한다. ApxII 독소에 이동-결합단백질 같은 다른 공통 항원을 보충한 5가의 재조합백신은 적어도 단일 외피단백질에 3종의 Apx독소 추출물을 보충한 백신보다 동일하거나 더 우수한 방어를 나타내었다.

그러나, 이러한 서브유닛백신을 설계할 때 주의가 필요한 것은 펩티도글리칸 관련 단백질족의 PalA와 그리고 가장 면역형성능력이 강한 A.pleuropneumonia의 외피단백질에 대한 백신접종 연구에서 입증되었다. PalA 단독에 대하여 형성된 항체는 공격접종의 결과를 악화시키고, RTX독소와 결합한 PalA백신의 접종은 비록 항-ApxI 과 항-ApxII 항체의 방어효과를 방해하지만 공격접종의 결과를 악화시킨다.

마) 인수공통전염성 세균 백신

동물의 살모넬라증은 돼지의 살모넬라 엔테리카 콜레라에수이스 혈청형, 가금류의 살모넬라 엔테리카 갈리나룸 혈청형 그리고 어린 소의 살모넬라 엔테리카 더블린 혈청형 같이 심한 전신성 감염을 일으켜 때로는 동물을 폐사시키는 숙주-제한적 혈청형에 의하여 발생한다. 이와는 다르게, 비-숙주 특이성 살모넬라 혈청형은 통상 개체-제한적 위장관 감염을 유발하나, 사람을 포함한 넓은 범위의 숙주동물에서 전신성 감염을 일으킬 수 있는 능력을 가지고 있다.

인수공통전염병에 대한 백신의 요구되는 면역성은 개별 동물의 장관 내에 집락형성을 예방하는 국소 점막면역의 유발뿐만 아니라, 이상적으로는 도축장에서 식육의 교차오염을 예방할 수 있도록 그 가축군 전체를 하나로 보아 존재하는 세균을 제거하는 것이다. 이것은 매우 어려운 과제이며, 이용할 수 있는 백신은 지금까지는 다양한 성공률을 보이고 있다.

살모넬라에 대한 방어에서 세포성면역이 전신성 면역보다 더 중요하다는 것은 일반적으로 인정되고 있다. 그리고 국소 점막 면역과 함께 약독생균백신이 가장 효과적인 형태로 요구되고 있다. 이것은 double-gene 결손 살모넬라 엔테리카 티피뮤리움 혈청형 생균백신과 살모넬라 엔테리카 엔테라이티디스혈청형 불활화 백신의 비교에서, 생백신 접종 후 분변내 세균 배출이 감소되었으나, 사균백신을 접종한 닭은 세포성면역반응이 억제되고, 항체생성 반응은 증가되었으며, 세균의 배출이 증가 되는 것으로 뒷받침되었다.

생균백신인 MeganVac 1 의 균은 최근 산란계의 면역을 위하여 다시 처방되었다. 육계와 산란계를 위한 Megan 백신은 1998년과 2003년에 각각 미국에서 등록되었다. 그러나 전 세계적으로 가금류의 살모넬라 엔테리카 엔테라이티디스 혈청형, 살모넬라 엔테리카 티피뮤리움 혈청형, 또는 살모넬라 엔테리카 갈리나룸 혈청형의 감염에 대하여 이용할 수 있는 적어도 10종 이상의 살모넬라 백신이 있다.

캠필로박터는 사람의 세균성 위장염을 일으키는 식중독 원인으로 가장 중요한 원인균 중 하나이다. 비록 몇 가지 백신이 사람의 질병 예방을 목표로 진행 중이지만, 감염된 계군에 대한 효과적인 백신접종 차단정책이 사람의 질병을 예방하는 가장 효율적인 수단이 될 것이다. 비-숙주특이성 살모넬라 혈청형에 대한 백신의 요건과 비슷하게 백신은 접종집단에 고도의 방어를 제공하여 축산물에서의 오염을 제거할 수 있어야 한다. 주로 불활화시킨 균체배양 또는 편모제제의 시험용 백신이 가금류에서 시험되었으나, 캠필로박터 공격접종에서 부분적인 방어만 나타내었고, 약독생균주의 개발은 아직 상품으로 이용할 수는 없지만 더 유망한 것으로 나타났다.

브루셀라병은 사람에게 주요한 인수공통 질병으로 계속되어 왔고, 특히 개발도상국 에서는 동물질병의 일반적 원인이 되었다. 많은 선진국에서는 검색 및 살처분정책으로 이 질병의 근절에 효과를 보이고 있고, 한편 백신은 상당히 고도의 방어를 제공하지만, 한편 생성된 항체가 이 질병의 감시프로그램에서 방해하고 있기도 하다. 지금까지 브루셀라병을 방어하기 위한 사독백신을 생산하기 위한 여러 가지 시도는 기대에 어긋나는 것이었으며, 브루셀라병에 대한 가장 성공적인 백신은 약독생브루셀라 균종을 이용한 것이었다. 이 중, 브루셀라 아보투스 19 주와 브루셀라 멜리텐시스 Rev.1백신은 각각 소와 작은 반추류에 널리 사용되었다.

S19 과 Rev.1 백신은 '완벽'과는 거리가 멀어 완전한 방어를 달성하지 못하였고, 준임상형의 보균동물이 되게 하였으며, 두 균주 모두 약간의 병원성을 가지고 있어 일정하지 않은 빈도로 유산을 유발할 수 있다. 더욱이, 이 두 백신 모두 사람에 감염될 수 있고, 리포다당류에 대한 항체를 유발할 수 있어 근절 프로그램을 시행 중인 국가의 검색 및 살처분 절차와 양립할 수 없게 한다. 또한 최근에는 RB-51로 명명된, 안정된 자연 리팜핀-내성 R 돌연변이형 브루셀라 아보투스 주를 기초로 한 백신이 미국을 포함하여 여러 나라에서 S19을 대체하고 있다.

RB-51은 wboA glycosyl 전이효소 유전자가 삽입된 IS711을 운반한다. 그러나 다른 wboA 돌연변이주의 실험자료들에 의하면 추가적인 알려지지 않은 결함이 이 주(RB-51)에 의해서 운반되는 것으로 보여진다.

R 주는 s-리포다당류를 운반하지 않는다. 그러므로, RB-51의 백신접종은 통상의 혈청학적 검사에서 검출할 수 있는 항체를 생성하지 않는다. 이것은 많은 경우 명백히 이점이 된다. 그러나 사람에서 우발적인 감염의 경우, 비록 RB-51 이 S19 와 Rev.1 백신보다 훨씬 병원성이 낮다고 하여도, 진단의 지연을 일으킬 수 있다. 현재 수백만 두의 동물이 RB-51 돌연변이주 백신 접종을 받고 있다. 그러나 S19에 대비한 소에서의 방어효율은 논쟁의 여지를 남겨놓고 있다. 그리고 돼지의 브루셀라 수이스와 엘크사슴의 브루셀라 아보투스에 대한 방어는 매우 제한적이다.

바) 리케차 백신

리케차인 에르리키아, 아나플라스마, 그리고 콕시엘라는 모두 작은 세포내에만 기생하는 병원체로서 중요한 동물 질병의 원인이 된다. 콕시엘라를 제외하고는 모두 절지동물 매개체에 의해서 전파된다.

　심수병은 아프리카의 사하라 이남, 인도 서부에서 에르리키아 루미난티움이 원인이 되어 발생하는 가축과 야생의 반추수에서 가장 중요한 진드기 매개 질병이다. 상업적으로 이용할 수 있는 백신 접종은 감염된 양이 발열이 있을 때 테트라사이클린으로 항생제 투약한 후 그 혈액을 채취하여 냉동 보존한 것을 이용하여 통제된 감염을 일으키는 것이다.

　최근에 병원성이 없는 주가 실험실 배양으로 만들어 졌으며, 좋은 방어효과를 보여주고 있다. 비용-효율이 높은 시험관내 배양방법 개발의 발전은 불활화 백신의 개발을 유도하였다. 소 아나플라스마병은 적혈구세포에 아나플라스마 감염이 원인이 되어 발생하는 또 다른 진드기매개 질병이다. 전염은 혈액의 기계적 오염 또는 절지동물의 흡혈과 소에서 송아지로 태반 감염을 통하여 일어날 수 있다.

　급성감염에서 살아남은 소는 이 병에 내성을 나타내지만, 영속적이고 주기적인 낮은 수준의 감염 상태를 나타내어 보균자로 남게 된다. 송아지는 성우보다 감수성이 낮고, 임상증상도 약하다. 병원성이 보다 낮은 주 또는 아나플라스마 마지날레의 아종인 아나플라스마 센트랄레를 함유한 감염축의 혈액은 아프리카, 오스트레일리아, 이스라엘, 남미 등에서 가장 널리 사용되는 생백신으로 남아 있다. 저용량의 테트라사이클린 약물치료를 수반하는 아나플라스마 마지날레의 감염이 사용되었으나 시기에 알맞은 치료를 위해 정밀한 감독이 요구되었다. 감염된 소의 혈액으로부터 아나플라스마 마지날레 항원의 대량생산에 이어, 사균백신이 1999년 사용중단될 때까지 미국에서 유력하게 판매되고 있었다. 이 제품의 고도의 비용과 매년 보강접종의 필요성과는 별도로, 사균백신은 일반적으로 방어면역 유발에서 생백신에 비하여 효과가 낮다.

3) 동물용 기생충 백신
가) 원충 백신

　동물의 원충 감염은 주로 열대지방에서 생산성이 빈약한 곳에 고생산성 품종을 도입하는데 주요 방해요인이 되고, 심각한 생산성 감소의 원인이 된다. 많은 종류가 인수공통질병이며, 사람의 기생충과 밀접한 관계가 있어 사람의 질병을 위한 동물 모델과 전염의 보균자로서의 중요성이 증대되고 있다. 아직까지 사람의 원충을 위한 백신은 이용할 수 없지만, 몇 가지 동물용 백신은 지난 수십 년 간 시판되거나, 국지적으로 이용하기 위하여 농업/수의부서에서 생산해 왔다. 이들 백신의 대부분은 살아있는 생물체에 근거하고 있지만, 최근에는 불활화 시킨 서브유닛 백신의 개발과 상품화 숫자가 증가하고 있다.

나) 생 원충 기생충 백신(원충생백신)

　원충성 기생충은 고도의 유전적 복잡성을 가지고 있다. 이들 생물체의 백신 개발은 이들 생물체의 숙주 내에서 각기 다른 종류와 계통간 각각 다르게 나타나는 생활주기, 그리고 동일한 생활주기에서도 서로 다르게 나타나는 주혈원충에서의 항원의 다양성으로 더욱 어려워지고 있다.

대부분의 원충 감염은 이전의 감염으로 다양한 정도의 면역을 유발하나, 방어와 그리고 면역에 관여하는 단계의 면역학적 기전은 아직 밝혀지지 않은 상태이다. 그러므로, 대부분의 백신에서 요구되는 방어면역반응을 유도하기 위하여 살아있는 생물체 자체를 이용하는 것은 그리 놀라운 일도 아니다. 감염의 특성에 따라, 이 백신은 아래에 설명한대로 몇 가지 형태를 취할 수 있다.

다) 완전생활주기 감염에 근거한 백신

전 세계 양계산업에서 중요한 경제적 기생충병인 콕시듐증과 싸우기 위하여 가금산업에서 소량의 전염성 생물체로 백신접종 하는 것이 광범하게 사용되어 왔다. 가금의 콕시듐증은 최종 유성생식단계에서 감염성 접합자을 생산하기 전에, 장 상피에서 낭충을 생산하는 규정된 수의 무성생식주기(3~4 낭충기)를 거치는 세포내 기생 원충성 기생충인 아이메리아종에 의하여 발생한다. 감염은 그래서 자기제한방식이므로, 소량의접합자로 백신접종하여 최소의 병증을 나타내면서, 동형의 공격에 대하여 견고한 방어를 유발한다.

최근에는 자연적으로 발생한 낭충기가 적은 그래서 사용에 더욱 안전한 조숙한 아이메리아주에서 선발한 접합자를 함유한 생백신이 개발되었다. 감수성 조류에 대한 감염의 예방을 위하여 백신이 생성하는 접합자의 동시 투여의 필요성, 그리고 종류와 계통 특이성 면역형성 등 많은 문제점에도 생콕시듐 백신은 50년 이상 성공적으로 사용되어 왔고, 많은 동물약품 회사에서 상품으로 생산되고 있다. 이 백신의 상업적 성공 여부는 일차적으로 항콕시듐제의 계란 내 이행을 방지하기 위하여 약제의 사용을 중단해야하는 사육자와 산란계군의 사육자에 달려 있다.

라) 약제단축감염에 기초한 백신

주혈원충 감염은 자기제한식이 아니므로, 면역반응이나 약품처리에 의해 억제하지 않으면, 기생충은 혈액기에 계속 하여 증식할 수 있다. 감염된 임파구를 형질변환시켜 소에서 치명적 질병의 원인이 되는 타일레리아를 포함한 대부분의 주혈원충 병원체와는 달리, 이 기생충의 적혈구기는 훨씬 병원성이 약하다.

소에게 병원성 야외형 타일레리아 파르바를 1 차 감염시키고, 약품치료를 실시하여 나타나는 견고한 무균면 역성은 여러 해 동안 동해안열 통제에 사용되었다. 이 백신접종법은 동종의 공격 접종에는 확실한 면역을 형성하여 주었으나, 이종의 공격 접종에는 제한적인 면역을 보였으며, 또한 비용이 많이 소요되었다. 내성은 주로 세포성면역에 의하여, 더 상세하게는 세포내의 분열체에 대한 CD8-세포 독성 T 세포에 의하여 주어지는 것으로 생각된다. 그리고 방어형 세포독성 T 림푸구의 반응은 현재 규정되고 있다.

마) 생활주기가 차단된 기생충 감염에 근거한 백신

몇몇 주혈원충은 육식동물이 먹었을 때 영속적인 감염원이 되는 포낭을 숙주 체내에서 생산한다. 이 포낭은 면역체계가 약화되었을 때 재감염의 원인이 될 수 있고, 임신중 재활성화 되어 선천성 질병과 유산의 원인이 될 수 있다. 사람을 포함한 광범위한 숙주에서 톡소플라스마의 감염은 양과 염소에서 유산의 주원인이 된다.

1 차감염에 대한 면역이 발생할 때, 세포내에서 증식하는 급분열소체는 포낭에 쌓여 휴지기의 조이토시스트가 되고, 이것은 수백 개의 감염성 늦은분열소체를 함유하여 수년 동안 존속한다. 톡소플라스마 곤디 기생충은 마우스에 연속 계대하여 진단형항원을 생산하였으며, 이것은 포낭을 형성하는 능력을 상실한 것이라는 것이 뒤에 밝혀졌다.

톡소플라스마 곤디의 불완전 S48주는 교미 전에 투여하여 톡소플라스마가 유발하는 유산에 대한 감수성 암양의 장기 지속성 면역(18개월)을 제공하는 상업적 백신의 기초가 되고 있다.

바) 병원성 순화(약독화)주의 감염에 기초한 백신

진드기 유래 피로플라스마인 바베시아 보비스와 바베시아 비게미나를 비장적출 송아지에 연속 계대배양하여 어린 송아지에서 면역성을 유발하면서도 병원성이 약독된 감염을 일으 키는 것을 보여주었다. 급성감염된 비장적출 송아지에서 채취된 감염된 혈액을 생백신으로 사용하는 것이 수십 년 전에 호주에서 개발 되었고, 대부분의 국가에서 지역 농업 또는 수의학연구소에서 생산되어 바베시아증을 예방하기 위하여 아직도 사용되고 있다.

아나플라스마 마지날레가 유행하는 지역의 경우에는 아나플라스마 센트랄레 감염 혈액을 추가한다. 유통 기간을 늘리고 보다 엄격한 안전시험을 통과하기 위하여 몇몇 수의학연구소에서는 동결보호제로 디메틸설폭시드나 글리세롤을 사용한 액체질소에 저장한 동결혈액백신을 생산한다. 아직 그 이유는 알려지지 않았지만, 9개월령 이하의 어린 소는 바베시아 감염에 더 내성이 있다. 그러나 감수성이 있는 성축의 백신접종에서는 약독순화주를 사용 하더라도 흔히 추가적인 약품치료를 필요로 한다.

자연적인 진드기 감염에의 연속적인 노출은 일반적으로 연속적인 그리고 장기 지속성 면역을 보장한다. 타일레리아 애뉼라타의 생균순화백신은 실험실에서 세포내 마크로스카이존트기에 연속 계대배양하여 생산되었고 많은 열대 및 아열대지역 국가에서 소의 열대성 타일레리아 병 통제에 사용되고 있다. 타일레리아 파르바와는 대조적으로, 적혈구성 병원체인 타일레리아 애뉼라타에 대한 면역성은 단기적이고 자연적인 공격감염이 없으면 6개월 후에 쇠약해진다.

사) 원충성 기생충 사균 또는 서브유닛 백신

기생충 충체 전체 또는 더욱 최근에는 규정된 항원구조를 갖춘 몇몇 불활화 백신이 등록되었고, 대개는 반려동물 시장을 목표로 하고 있다. 일반적으로 이들 백신은 생백신만큼 효과는 없지만, 다양하게 질병의 상태와 전파를 완화시킨다.

이들은 또한 재조합백신 개발의 기초를 형성한다. 콕시디알 기생충인 네오스포라 캐니눔의 종숙주는 개이다. 그러나 그 경제적 영향은 유산의 주 원인이 되는 중간숙주인 소에서 가장 크다. 네오스포라 캐니눔 충체 백신이 건강한 임신우에서 네오스포라 캐니눔에 의한 유산을 감소시키고, 송아지의 자궁내 전파를 예방하기 위하여 미국에서 허가되었다. 이 백신은 불활화 네오스포라 캐니눔 타키조아이트를 면역증강제와 함께 피하접종하게 구성되었다.

코스타리카의 대규모 야외시험에서 감염이 고도로 유행하는 젖소군에서 백신접종을 통하여 유산이 약 2배 가량 감소하는 것으로 나타났다. 뉴질랜드에서의 다두접종시험에서 보고된 바와 같이 농장간 효과에서 커다란 변이가 있었고, 이것은 다른 감염에 의한 원인이나 또는 비전염성 원인에 의한 유산 때문인 것으로 보인다. 백신접종 시기 또한 유산과 전파를 예방하는 데 중요한 역할을 하는 것으로 보인다.

말의 신경성질병, 사르코시스티스 뉴로나 감염의 원인이 되는 말원충성 척수뇌염을 완화하는 백신이 최근 출하되었으며, 포트닷지동물약품에 의하여 미국(USDA)의 조건부 허가 아래 시험 중에 있다. 이 백신은 말의 척수에서 분리한 원충을 실험실에서 배양한 메로조아이트를 화학적 으로 불활화시키고 근육주사용으로 특허의 면역증강제를 혼합한 제제이다.

지아르디아는 여러 동물종의 장내기생충이다. 감염은 일반적으로 자기제한식으로 일어나나, 어리고 면역반응이 억제된 개체에서 심한 위장관 질환이 일어날 수 있다. 이 기생충의 중요성은 주로 동물에서 사람으로 전파되는 것이며, 지아르디아는 수인성 감염의 주원인이라는 것이다. 미국에서 단 하나의 상업용 백신이 개와 고양이에 사용하기 위하여 승인되었다. 이것은 개의 임상형 질병을 예방하기 위하여 승인되었으며, 발병률, 병증 및 포낭을 배출하는 기간을 현저하게 감소시켰다. 이 백신은 순수배양한 지아르디아의 영양체를 분쇄한 것으로 만든 제제로서 감염에서 대부분의 임상증상을 없애고, 강아지의 분변내에서 그리고 고양이에서는 약간 적은 범위로 포낭 배출의 수를 현저히 감소시켰다. 약제에 저항하는 만성감염을 제거하는 효과도 백신접종으로 달성될 수 있다고 하는데, 이것은 더 광범위한 시험이 요구된다. 이 백신은 항체에 의하여 주로 기생충의 독소를 중화하는 것을 통하여 작용하는 것으로 생각된다.

두 가지 서브유닛 백신이 바베시아로 인한 개의 바베시아증으로부터 개를 보호하기 위하여 개발되었다. 두 백신 모두 기생충의 실험실 배양에 의하여 배양 상층액으로 방출된 용해성 기생충항원을 면역증강제와 결합한 것으로 이루어 졌다. 첫 번째 출하된 백신, 파이로독은 바베시아 카니스 단독배양에서 생산된 용해성 기생충항원을 함유하나, 최근 출하된 노비박피로는 계통특이성 면역범위를 확장 하기 위하여 바베시아 카니스와 바베시아 로시에서 생산된 SPA를 함유하였다. 이 백신의 방어효과는 본질적으로 기생충혈증을 감소시키는 것보다 저혈압과 임상증상의 원인이 되는 용해성 기생충물질의 항체의존성 중화 작용에 근거한 것으로 보인다. 이 백신의 접근 방법은 소에서도 평가되었으나, 충분한 방어를 얻지 못하였다.

가금류, 특히 육계산업계에 사용하기 위하여 콕시듐증에 대한 불활화 서브유닛 백신이 이스라엘의 ABIC동물약품사에서 개발되었다. 흥미롭게도 이 백신은 대개의 생백신이 목표로 하는 낭충기를 목표로 하지 않고, 질병을 전파하는 접합자를 형성하는 것을 나타내는 마지막 유성생식기의 암생식모세포기를 목표로 한다.

이 백신전략의 원리는 자연감염에 의하여 일어나는 면역이 접합자의 배출과 기생충 전파를 감소시키는 무성 생식기에 대하여 면역원성을 허용한다. 이 접근방법의 추가적인 이점은 병아리보다 산란계가 면역되고, 방어면역글로불린을 난황내로 그리고 병아리에 옮겨준다. 암탉 한 마리가 평생 100개 이상의 알을 낳는 것을 고려하면, 이것은 백신접종과 가축 돌보는 것을 상당히 감소시킬 수 있다. 생백신의 품종 및 계통 특이성과는 대조적으로 이 생식모세포 백신은 3종의 주요 아이메리아종에 대하여도 부분적인 방어를 보여주었다. 이 백신의 중요한 단점 은 감염된 병아리로부터 유래한 친화형정제 천연생식모세포항원으로 상당히 복합제제로 구성되어 생산하는 데 비용이 많이 든다는 점이다.

친화형 정제 천연 생식모세포 항원의 3종의 주요 성분은 최근 복제하였고, 방어 성분을 확인하는 관점에서 특성을 규정하여 재조합백신을 개발하였다. 천연백신의 번역이 재조합 백신에 성공할 것인지는 두고 보아야 하는 것으로 남아있고, 이것은 그 동안 많은 기생충 발전분야에서 주요한 장애물이 되어 왔다.

사람의 내장형 리슈만편모충증 또는 칼라아자르는 세포내 기생하는 리슈마니아에 의하여 발생하는 치명적인 사람의 질병으로 모래파리에 의하여 전파된다. 개들은 이 질병의 주요한 보균자가 되며 또한 임상적으로 이 병에 걸린다. 최근에 개의 내장형 리슈만 편모충증에 대한 강력하게 항원성인 표면 당단백질 복합체, 휴코스만노스 리간드에 근거한 또는 리슈마니아에서 얻은 FML 항원과 사포닌 면역증강제 의 서브유닛 백신이 브라질에서 개발되었다.

백신의 효력은 동종 또는 이종의 리슈마니아 차가시의 공격접종에 대하여 76 ~ 80%로 보고되었으며, 적어도 3.5년 동안 지속하였다. 이와 함께 이 질병의 인체 발생률의 감소가 보고되었는데, 이는 백신의 전파 차단 성질에 의한 것으로 생각되었다. 또한 이 백신은 감염된 개에서 치료효과도 가지고 있다.

아) 연충 및 외부 기생충 백신

다세포 기생충은 그들의 숙주에 접근하는 게놈의 크기와 함께 가장 복잡한 병원체이다. 다세포 기생충은 유전적 복잡성을 떠나서, 그들의 물리적 크기 때문에 면역계의 식세포에 탐지되지 못하고, 전통적인 세포독성 T 세포에 의하여 죽지 아니한다. 실제로, 면역계는 일반적으로 2 형 또는 알레르기-형 면역반응이라고 하는, 강력한 작동체 백혈구, 비만세포, 호산구들로 대표되는 이 기생충을 감당할 수 있는 완전히 새로운 기전을 개발하여야 한다.

연충 또는 장내기생충에는 동물과 사람에 모두 감염되는 선충류, 흡충류 그리고 촌충류 등 3 종류의 과가 있다. 현재, 소의 폐선충인 딕티오카울루스 연충 백신만이 유럽에서 판매되고 있으며 이 연충 백신은 방사선 조사로 성충으로 변태하지 못하는 감염성 L3 유충으로 구성되어 있다.

경제적으로 중요한 위장관내 선충류의 방사선 조사된 L3 유충의 백신접종이 시도되었으나, 어린 동물에서 면역형성 유발효과가 부족하여 성공적이지 못하였다. 위장관내 선충류의 증가하는 약제 내성은 이들 중요한 동물병원체에 대한 백신 개발의 관심을 새롭게 하였다.

촌충은 단일 감염후 독특하게 면역성을 없앨 수 있는 중간숙주에서 유충기를 지낸다. 이 조기 유충기의 항원은 재조합 단백질로 다세포 병원체에 대하여 최초로 방어를 해준다. 상업용 또는 야외 적용을 위한 항촌충 백신은 아직 연구 중이다.

가장 중요한 동물의 흡충류는 간질이다. 이 기생충에 대한 백신 개발은 이들 기생충이 반복 감염 이후에도 그들의 자연감염 반추수 숙주에서 면역성을 유발하지 않는 것으로 보인다는 사실에 의하여 지연되고 있다. 최근 특이한 양의 품종이 간질충에 대하여 면역성을 나타내는 것을 보여주었고, 이 방어기전을 더 정밀 조사하여 백신 개발에 대한 새로운 접근이 제시되고 있다.

외부기생 절지동물들은 이들이 크고 복잡할 뿐만 아니라 그들의 생애 대부분을 숙주의 표면이나 외부에서 보내기 때문에 백신개발에 있어 마지막 도전이 될 것으로 보고 있다. 흥미롭게도, 상품으로 이용할 수 있는 단 하나의 재조합 기생충 항원 백신은 진드기 기생충인 부필루스에 대한 것이었고, 1994년 처음으로 호주에 그리고 후에 쿠바와 몇몇 남미 국가에 상품으로 수입되었다. 이 백신은 감염 시 면역계에 의해서 인정된 자연 항원에 근거한 것이 아니라 진드기의 굉장한 흡혈 습성의 이점을 택했다는 것이 독특한 점이다.

고도의 항체수준은 진드기 장막 결합 단백질, Bm86을 강력한 면역증강제와 함께 재조합 단백질을 사용하여 소에 백신 접종을 통해 생기게 한다. 이 항체는 진드기의 장표면에 결합하여 진드기가 흡혈할 때 장벽 파열의 원인이 되고 진드기를 죽게 한다. 이 백신은 진드기 침입에 대하여, 그리고 경우에 따라서는 진드기유래 질병에 대해서 상당한 수준의 방어를 나타낸다. 그러나, 자연감염 분자가 밝혀지지 않았고, 항체수준이 감염에 의하여 상승되지 않으며, 고도의 수준을 유지하기 위하여 반복적인 면역성 부여가 필요하다. 이 백신은 실용성과 상업적 매력의 제한 때문에 약제와 함께 사용하는 것이 좋다. 진드기의 면역글로불린 분비체계의 존재는 다른 진드기에서 이 백신의 접근 효과를 방해하는 것으로 보인다.

4) 비전염성 질병에 대한 동물용 백신
가) 알레르기 백신

사람의 경우에서와 같이 몇몇 동물, 특히 고양이, 개 그리고 말에서는 꽃가루, weeds, 곰팡이 포자, 그리고 집먼지 진드기 같은 환경적 알레르겐에 대한 반응으로 알레르기성 피부질병이나 아토피성 피부염을 나타내는 유전적 소질이 있다. 이것은 세균이나 이스트의 2차감염 으로 두드러기가 된다.

아토피성 피부염에 대한 가장 일반적인 치료는 피내주사나 알레르겐 특이성 혈청 면역글로블린 E 분석으로 그 동물에 반응을 보인 알레르겐 추출물을 백신접종하는 것이다. 이 알레르겐 특이성 면역제치료법은 수개월 동안 물이나 또는 황산알루미늄으로 침전시킨 알레르겐 추출물을 점차 양을 증가시켜 투여하고, 매년 추가접종한다. 이 치료법의 보고된 효과는 개에서 20%에서 100% 가까이까지 차이가 크며, 이는 시험연구의 설계, 연구에 사용된 요소, 백신의 공급원, 2차감염에 대한 치료에 따라 결정된다.

나) 암 백신

가정용 반려동물의 수명 연장과 축주들의 동물에 대한 높은 가치 부여로, 자연적인 암치료에 대한 관심이 증대되고 있다. 개의 악성흑색종(CMM)은 가장 일반적인 개의 구강 종양이다. CMM은 사람의 악성흑색종과 유사하고, 치료하더라도 대개의 경우 진단 1년 이내에 죽게 된다. 몇 개 그룹이 악성흑색종(CMM)에 대한 항암백신의 제3기 임상시험 중이며, 메리알사는 2006년 미국에서 악성흑색종 DNA 백신을 조건부 승인하에 출하하였다. 이 시험용 백신은 원칙적으로 사람의 암 백신 연구에 기초하고 있고, 사람의 과립성백혈구 마크로파지의 colony-stimulating factor 또는 사람 gp100 또는 사람의 tyrosinase DNA백신접종으로 핵산전달감염된 개의 종양세포주에 면역된 것이 함유되어 있다.

이 연구에서 개에 따라서는 때때로 완전한 회복과 생존기간의 연장 등으로 전체적인 반응률은 17% 정도로 추정 되었다. 이 연구의 실험설계는 적은 시료의 크기, 품종의 차이, 임상 상태, 병력과 병증 단계별 조치 등의 비교 등으로 제한되었다. 면역의 요소와 종양 통제 가능성에 대한 명확한 관계는 확립되지 않았다.

BCG(bacillus Calmette-Guerin)의 국소 접종은 사람의 비뇨기계 표면 종양의 치료법 으로 오랫동안 사용되어 왔으며, 말의 육종과 좁게는 소의 눈편평상피세포종양의 치료에 효과적임을 보여주었다. 이 백신접종요법의 작용양식은 알려지지 않았으나, 내부 면역계의 활성화와 국소염증을 통하여 종양 특이성 항원의 upregulation이 영향을 끼치는 것으로 보인다.

나. 진단 기술[10]
1) 유전 마커

유전적 표지자는 주어진 유전자좌에서 대립 유전자 변이에 대한 정보를 제공하며 일반적으로 노출된 바이오 마커다. 질병의 결과가 발생하기 전에 존재하며 일반적으로 다른 질병의 노출과는 무관하다. 유전자 마커의 가장 일반적인 유형은 제한된 단편 길이 다형성, 증폭된 단편 길이 다형성, 무작위 증폭 다형성 DNA, 단순 염기 반복 및 단일 염기 다형성을 포함한다. 이 외에도 microRNAs, noncoding RNA], exosome 등도 주요인자로 잘 알려져 있다.

여러 품종의 개에서 특정한 유전적 돌연변이의 확인은 질병의 위험이 있는 개에서 확인하고 번식 개체에서 그들을 제거하는데 도움이 되는 상업적 DNA 분석의 개발로 이어진다. 유전성 질병에 최소화 또는 근절하기 위한 도구로서의 유전자 스크리닝의 가치는 특정 돌연변이, 질병의 위험을 확인하기 위한 돌연변이의 특이성 및 민감성, 육종 프로그램에서의 검사의 사용에 대한 분석에 의해 이루어진다.

생화학적 마커는 질병과 관련된 생화학적 변이(직접적으로 또는 간접적으로)이며, 진단적 또는 예측적 가치를 제공하기에 충분히 변화된 생화학적 화합물(항원, 항체, 효소, 호르몬 등)이다. 생화학적 표지자가 특정 질병을 구별하고 치료를 안내할 수 있다. 질병 위험의 표지자로 주로 사용되며 다른 요인과 독립적인 유전학적 표지자와는 달리, 특정 질병에서는(예, 녹내장) 많은 생화학적 표지자는 비특이적이며 그 존재는 상황에 따라 해석되기도 한다. 생물학적 시료(예, 혈액)에서 얻은 생체 표지 물질은 준 임상 수준의 질병, 질병 시기, 병의 중증도를 나타낼 수 있다. 질병에 걸린 개의 혈장에는 세포 유리 DNA (cell-free DNA, cfDNA)의 농도는 질병의 심각성과 예후와 관련이 있다. 개에서 cfDNA의 측정은 비특이성 질환 지표 및 예후를 위한 도구로 유용하게 사용될 수 있다.

2) 종양 마커

최근 혈액 중 바이오마커의 종류로 순환형 종양 DNA(circulating tumour DNA, ctDNA)가 있으며, 이는 암세포가 파열되어 사멸하는 경우 암세포는 그 내용물을 혈류 속으로 방출하는데, 그 속에는 종양의 DNA가 포함되어 있다. 이는 혈류 속을 자유롭게 떠돌아다니는 종양 게놈의 부스러기라고 할 수 있다. 정상적인 세포의 찌꺼기는 대식세포 처리하지만, 종양은 덩치가 너무 크고 신속히 증식하기 때문에 처리 능력을 넘어서게 되어 혈류 속을 떠돌아다니게 된다. 이는 종양의 동태를 파악하는 결정적 단서를 얻을 수 있어 ctDNA를 측정하거나 염기서열을 분석하는 하는 기법을 개발하고 있다. 또한 이는 치료의 경과를 알 수 있는 저항성을 평가할 수 있는 의미를 갖는다.

또 다른 하나는 순환종양세포(circulating tumor cells, CTC)로 암 조직에서 떨어져 나와 혈류를 따라다니는 종양세포다. 이들이 다른 조직에 부착되면 전이암이 발생하게 된다.

---

10) 동물 분자 진단 시장의 동향, 박창은, 박성하, Korean J Clin Lab Sci. 2019;51(1):26-33

따라서, 이 세포를 미리 찾아내면 전이암을 조기에 발견할 수 있지만, 혈액 속 CTC는 수십 개 미만으로 매우 적어 검출이 어렵다. 이에 분리 기술 개발이 관심을 끌기 시작했다. 아직도 CTC를 혈액에서 효율적으로 분리하는 방법들이 개발 중이고 각 방법에 따라 검출 효율이 다르다. ctDNA가 검출된 환자에게서는 CTC가 발견되지 않는 경우가 많아 ctDNA의 수가 CTC 보다 많다.

Granzyme B+ 종양 침윤성 림프구(tumor-infiltrating lymphocytes, TILs)는 종양 단계와 관련이 없으며, granzyme B+TILs의 존재는 독립적인 예후인자이다. 이러한 결과로 granzyme B+ TILs가 항종양 면역에 역할을 하고, 개의 이행세포암종(transitional cell carcinoma, TCC)에서 종양 진행을 억제하는 것으로 알려져 예후인자로 활용되고 있다.

대장암은 세계에서 세 번째로 흔히 진단되는 침묵성 암이다. 많은 사람들이 암이 치료가 어려워질 때까지 출혈이나 복통이 동반되고 폴립이라는 것을 제거되면 암이 예방될 수 있다. 대장암으로 인한 생존율은 발병 시 질병의 단계에 따라 크게 영향을 받는다. 따라서 전 암성 대장암 병변의 조기 발견은 5년 생존율 향상에 중요하다. 이에 최근에는 후생 유전학 바이오 마커, 프로테오믹 마커, 대변 DNA 마커를 발굴하는 것이 중요한 검사법으로 대두되고 있다. 최근에는 대장암(colorectal cancer, CRC) 환자에서 sperm-associated antigen 9 (SPAG9) 유전자와 단백질의 발현이 조기에 검출되고 암 발병의 1~2기 단계에서 혈액에서 100%, 조직 표본에서 88%의 검출의 민감도를 보여 ELISA (enzyme-linked immunosorbent assay) kits로 상용화되고 있다.

또한 최근 보고된 논문에서는 피부종양(cutaneous and subcutaneous soft tissue sarcomas, STS)이 다수(20.3% 이상) 발견되는 것과 조직학적 수준에서 평가를 위해 c-kit 과 KIT 발현이 종양 발생과 관련된 동물(개) 진단 시장의 최근 추이를 보고하고 있다.

3) 기타 질환의 마커

Brucella canis는 그람 음성균으로, 통상적으로 세포 내 존재하고 인수공통감염 세균으로 개의 브루셀라증을 유발한다. 직접적인 방법으로 브루셀라증을 검출하는데 가장 적합한 것은 혈액 샘플로부터 박테리아를 분리하는 것이 표준 방법으로 사용되어 왔다. 그러나 결과를 얻는 데 시간 지연과 박테리아 배양으로 인한 생물학적 위험의 노출로 인하여 PCR(polymerase chain reaction)이 감염 진단을 위한 대체 방법으로 성공적으로 사용된다. 시료 준비는 성공적인 PCR을 위한 핵심 단계이며, 높은 DNA 회수율 및 순도를 제공하는 과정이며 이 과정은 높은 진단 민감도를 보장하기 위해 권장된다.

Programmed death receptor 1 (PD-1)은 T 세포의 co-inhibitory checkpoint 분자로 CD4와 CD8 T 세포에서 발현되고, 일부는 자연살해(natural killer, NK)세포, 항원제시세포에서 발현된다. PD-1의 주된 기능은 T 세포 반응의 지속 시간과 크기를 조절하고, 이로 인하여 자가면역을 예방하고 감염과 염증반응에서 T세포를 활성화 시킬 때 조직 손상을 제한한다.

수의학에서 PD-1 및 programmed death ligand 1(PD-L1) 분자의 발현은 가축, 돼지, 개 및 고양이에서 조사되었으며, 대부분 교차 반응성 인간 또는 소 항체를 사용한다. 예를 들어 소에서 PD-1 발현은 소 백혈병 바이러스에 감염된 동물의 T 세포와 B 세포에서 검사되었다. 이 연구는 IFN-γ로 T 세포를 처리하면 PD-1 발현이 증가하는 것으로 나타났다. 돼지 PD-1 분자는 인간 PD-1과 63%의 서열 동일성을 발견하였다. 고양이 PD-1도 개와 인간 PD-1에 대한 구조 및 서열의 유사성을 공유한다.

Feline immunodeficiency virus (FIV) 감염된 고양이는 만성적인 lentiviral infection의 조절에 PD-1 봉쇄가 미치는 영향을 조사하기 위한 모델이다. 최근 PD-L1이 체내 및 생체 내에서 모두 개과의 종양세포 및 대식 세포에서 발현된다는 보고가 있다. 내장 리슈마니아을 가진 개에서는, PD-1 신호가 T 세포 apoptosis를 유도한다는 보고가 있다.

크레아티닌(creatinine, 113 Da)과 크기는 유사한 symmetric dimethylarginine (SDMA, 202 daltons)는 arginine이 메틸화된 것으로 신장이 배설의 주요 원천이다. 그리고 SDMA는 세뇨관 재흡수를 하지 않으며, 만성신장질환 환자에서 처음으로 증가하는 것으로 나타났다. 그러나 SDMA는 이눌린(inulin)을 기초한 신장 기능과 강하게 상관성이 있어 사구체여과율 (glomerular filteration rate, GFR)의 내인성 표지자로 주목을 받는다.

이외에도 사구체의 항산화, 전염증성 역할을 수행하는 것. 그 뿐만 아니라, 혈장 호중구 젤라티나제 관련 리포칼린(neutrophil gelatinase-associated lipocalin, NGAL)은 혈청 creatinine 보다 급성 콩팥 손상을 조기 진단에 유용한 생물학적 표지자로 활용되고 있다.

기타로는 천식과 관련된 혈청 periostin, 요중 cysteinyl leukotriene, YKL-40 (human chitinase-3 like protein 1) 잘 알려져 있어 이를 통해 질병에 대해 유전체를 분석하여 천식에 감수성이 높은 유전자를 선택적으로 찾아서 질병을 예측하여 예방하고 질병이 발생한 환자에서 바이오마커의 측정을 통해 적절한 표적 치료제와 치료 기간을 설정하고 약물에 따른 효과적인 모니터링이 가능해지는 시대가 머지않아 눈앞에 펼쳐질 것이다.

다. 가축전염병 관련 기술[11]

1) 해외 동향

최근 환경오염, 무역 증가 등으로 인한 가축 전염병 확산이 예상됨에 따라 주요국들은 빅데이터 분석·활용 기반의 가축질병 관련 유전자 분리·기능구명·특성규명 등 질병 예측·관리를 중심으로 연구를 추진하고 있다.

농무부(USDA, 미국), 연방과학산업연구기구(CSIRO, 호주)는 소 유전체 연구, 유럽연합은 돼지 유전체 연구, 일본은 말 유전체를 집중적으로 연구하고 있다. 미국 'Zoetis'사는 반려동물 유전자분석을 활용, 유전질환·암 등 질병예측 진단서비스를 제공하고 있으며, 일본의 '완단트'는 IoT를 활용 반려동물의 건강정보를 수집, 분석을 통해 반려동물 질병 처방관리에 활용하고 있다.

구분	내용
(미국) 국립보건원, 필박스 프로젝트	의약품 정보 서비스를 통해 수집한 사용자 데이터 분석을 통해 유행 질병, 전염 속도, 질병의 지역별 분포에 대한 통계를 수집·예측
(미국) 구글, 독감트렌드(Flu trend)	사용자의 질병관련 검색 키워드를 바탕으로 독감 발병예측, 독감 환자의 분포 및 확산 정보 제공
(영국) NHS(National Health Service), 처방 데이터 수집 분석	전국 약국, 병원의 처방 데이터 수집·분석을 통해 질병 예측, CPRD(Clinical Practice Research Datalink)를 통해 다양한 데이터를 연구자에게 제공
(EU) Horizon Scanning Center, 전염병 대응책 마련	동식물 및 인간의 전염병 확산에 대한 데이터 분석을 통해 말라리아 등 다양한 전염병에 대한 전망과 대응방안을 모색
(일본) IIJ 혁신 연구소(IIJ Innovation Institute), 전염병 데이터 랭킹 서비스	국립감염증연구소 전염병 발생 데이터 활용·분석을 통해 전염병 유행 상황과 정보를 제공

[표 17] 주요국의 빅데이터 활용 가축질병 발생 예찰 연구 현황

동물질병 진단기기 분야는 우수한 성능을 바탕으로 디바이스의 소형화, 자동화를 통해 정확·편리성을 지향하여 기술을 개발하고 있다. 임상화학 분야 및 면역학 분야에서는 두 분야가 융합된 대형 장비를 통해 다양한 종류의 검사를 수행할 수 있도록 변화하는 추세이다. 인공지능을 활용 동물질병 진단 기술은 질병 관련 빅테이터(호흡, 맥박, 몸무게, 온도, 습도, CO2 등)를 수집·분석 후 건강 개체와의 비교를 통해 진단한다. 일본의 샤프는 AI와 IoT기술을 결합한 반려동물 화장실 '펫케어 모니터'를 통해 배설물, 체중 정보를 기록·분석하여 반려동물 헬스케어 시스템을 구축했다.

---

11) 가축전염병/한국과학기술기획평가원

기존 바이러스 백신 생산용 세포주를 활용, 다양한 신종 바이러스 백신 생산을 위해 개발된 세포주 개발이 활발히 진행되고 있다. 유럽의 VALNESA은 줄기세포를 이용한 EB66 Cell line 개발을 통해 다양한 난배양 바이러스 생산에 대한 연구를 수행했다. 또한 최근 돼지호흡기생식기증후군(PRRS) 백신 생산을 위해 BHK-215[12] 동물세포주에 CD163 단백질 과발현을 유도한 세포주 개량 연구가 수행되고 있다.

현재 세포배양 기반 백신은 대부분 부착형 세포를 이용하여 생산되고 있으나, 폐기물처리·세포유지·고밀도 배양 등 한계가 존재한다. 이의 대안으로 부유형 동물세포 이용 백신 배양 관련 연구가 수행되고 있다.

최근 백신 효율 증대 및 접종 효율·편리성 제고를 위한 고효율 백신보조제 및 백신전달시스템 기반 기술이 개발되고 있다. 동물용 백신보조제는 다양한 형태, 축종에 대한 연구 개발 및 상용화 연구가 다년간 진행되었으나 실용화 실적은 미미하다. 현재 식균작용, 면역세포 활성화, 사이토키닌 등의 분비 촉진·활성화를 통해 면역반응 촉진을 유도하는 연구가 세계적으로 활발히 진행되고 있다.

백신생산은 생백신(Live attenuated vaccine) 위주에서 첨단 유전공학[13]을 이용한 백신 생산이 점차 증가하는 추세다. 유전공학을 이용한 백신생산은 생산시스템 설계·운영 측면에서 기존 시스템보다 경제·위험관리·생산 효율성 등이 우위에 있다. 독일의 베링거인겔하임은 돼지써코바이러스 2형 예방 바이러스 유사입자 백신(써코플렉스) 생산을 통해 매출 400천만 달러를 달성했다.

세계적으로 가축질병 연구는 고전염성·고위험성 병인체 예방·치료를 위해 질병대응(예방·확산방지) 및 인프라 구축을 목적으로 추진되고 있다. OIE는 WAHIS(World Animal Health Information System)을 통하여 각국의 보고 대상 가축전염병 발생 정보를 공유하여 국제공조 및 협력체계를 통해 국가 간 가축질병의 확산을 최소화하고 있다.

또한, FAO(국제연합식량농업기구)는 EMPRES[14](동물 및 식물의 전염성 질환 방제 시스템)를 통해 세계적인 악성 가축 전염병이 발생한 국가에 해당 질병을 예방 및 통제할 수 있도록 질병에 대한 정보, 관련 전문가 교육 및 긴급 지원 등을 수행하고 있다.

최근 GPS 기반 가축활동 감시 시스템, 실시간 차단방역 시스템 등 가축 질병 확산 방지를 위해 최신 융복합기술을 활용한 기술개발이 진행되고 있다. 영국은 가축의 위치와 이동에 대한 데이터 관리체계를 보완하기 위해 정보관리시 스템(RADAR[15])을 구축하고, 질병 발생 시 통제 조치, 질병 연구데이터 등으로 활용하고 있다.

---

12) BHK-21 : 구제역 백신 핵심 세포주
13) 유전공학 백신 : recombinant vaccine, vector vaccine, VLP vaccine, oral vaccine, conjugate vaccine, subunit vaccine, DNA vaccine
14) EMPRES : Emergency Prevention System for Tansboundary Animal and Plant Pests and Diseases
15) RADAR : Rapid Analysis and Detection of Animal-related Risks

덴마크는 가축방역 을 위해 데이터베이스를 구축하여 가축의 이동경로 등 다양한 자료를 중앙가축등록시스템(CHR, Central Husbandry Register)으로 수집하고, 덴마크 수의식품청이 이를 운영하고 있다.

개발기술	내용
양 추적 GPS 기반 무리행동 패턴 분석 (영국)	ㅇ 양의 목에 부착된 GPS 송신기의 무선통신기술 • 양의 위치정보를 보여주는 GPS 단말기 기술 • 양 무리의 위치정보를 이용한 모델링 기술로 양의 무리행동에 대한 패턴을 이용하여 방역 의사결정을 내릴 수 있도록 소프트웨어로 구현
가축방역지도 (일본)	ㅇ 이상가축 발견 시 신속하게 해당 농장에 대한 상세목록 출력, 전염병 발생 의심이 되는 경우 청정성 검사지역, 이동제한구역, 반출제한구역 등 설정 • 동시에 지역 내 가축 사육농장이나 매몰지, 집회장, 소독 포인트 등을 나열 등을 위한 GIS시스템
Be Seen Be Safe (캐나다)	ㅇ 농장 차단방역 및 질병 관리 시스템 • 질병 발생 시 위치 기반 정보 제공(Geo-Aware) • 개별 농장의 실시간 차단 방역 강화 및 조치 가능 • 데이터 분석을 통한 질병 전파 예측 정보 제공 • 방문자 기록, 풍향 및 풍속 등 정보 분석
GLEAMviz (미국)	ㅇ 유행성 질병의 위험도를 분석하고 전파 모델을 개발하여 관련 정책 결정을 지원하는 데스크탑 어플리케이션 • 긴급상황에 대한 조치 계획 도출, 전염병 확산 예측, 국제적 전파에 대한 분석을 주요 기능

[표 18] 주요국 가축전염병 방역·확산방지 기술개발 현황

2) 국내 동향

 우리나라는 예찰·예방기술, 백신, 동물용 의약품 개발을 중점으로 기술개발을 추진 중이며, 융복합 기술을 기반으로 한 연구는 미흡한 상황이다. 농림축산검역본부와 KT는 가축 질병 발생 예방 및 확산 방지를 위해 국가동물방역통합시스템(KAHIS) 데이터 및 KT기지국 통계 데이터 분석을 통해 조류인플루엔자(AI)의 확산 경로 예측 모델을 개발하고 있다.

항목	주요기능
예방/예찰, 백신	소독 및 시료검사 실적, 백신 공급·접종 및 항체 양성률, 방역실태 점검 등록 등 사전 예방 중심의 업무처리 지원
통제	가축전염병 발생 시 신속하고 효율적인 대응 체계 운영
진단	병성감정 의뢰부터 최종진단까지 업무 지원, 질병발생 정보 대국민 공개
역학조사	질병의 유입, 전파 요인 조사를 통해 방역대상 농장 선정 및 조치
사후관리	가축매몰지 조성 이후 관리기간(3년)동안 점검 관리
차량등록제	축산시설 출입차량을 시군에서 등록(새올시스템)하고 GPS 단말기를 장착하여 축산시설 출입정보 수집 분석

[표 19] 국가동물방역통합시스템 정보분석 항목 및 주요 기능

 국민건강보험공단과 다음소프트는 '국민건강 주의 알람 서비스'[16]를 통해 감염병 관련 빅데이터를 분석. 이를 통해 감염병 발생 예측 및 국민들에게 정보 제공하고 있다. 최근 농림축산검역본부를 중심으로 구제역 바이러스 백신 생산을 위한 동물 세포주의 부유화 연구를 수행 중이며, 농촌진흥청은 반려동물의 생애전주기 질병제어 및 복제 기술 개발을 목표로 연구과제를 수행 중이다.

 민간기업에서는 휴대용 모니터링 시스템 및 생체 모니터링 센서 개발을 통해 ICT기반 가축 질병 실시간 모니터링 기술, 진단제품 개발에 노력을 기울이고 있다. 한국의 펫테크 기업인 핏펫은 소변스틱을 활용한 검사키트 시스템을 활용, 반려동물의 건강상태(9가지 질병)를 신속 파악이 가능한 제품을 개발했다. 한국의 반도체기업인 노을은 인공지능 혈액 분석 시스템 개발을 통해 신속·편리성이 강화된 랩온어칩(Lab on a chip[17])방식 진단키트를 개발했다.

---

16) 국민건강 주의 알람 서비스 : 건강보험공단의 DB와 SNS 정보를 연계하여 홍역·조류독감· SAS 등 감염병 발생을 예측
17) Lab on a chip : 극미량의 샘플이나 시료로 기존의 실험실에서 할 수 있는 실험이나 연구과정을 신속하게 대체할 수 있도록 만든 칩(차세대 진단장치)

개발기술	내용
소규모 축산농가에서 저렴하게 구입 가능한 대인소독기	자외선 안전필터로 인체 안전성 및 동파 염려가 없고 소규모 농가에서 구입 가능한 경제성 있는 대인 소독용 장비 개발
조류인플루엔자 예방시스템	6가지 조합된 조류인플루엔자 바이러스를 대상으로 DNA를 복제하는 폴리머라제 유전자를 통해 안전하고 효과적인 백신개발 기반 마련
국내 분리 한국형 O형 백신종독주(안동주)	국내 분리 (2010년 경북 안동 분리) 구제역바이러스를 연속 계대하여 O형 구제역 백신 종독주 개발
AI 현장적용 간이진단키트	AI 의심축 신고시 가축방역관이 현장에서 AI 감염여부를 확인할 수 있도록 현장적용 동물용 간이진단키트 개발
저병원성 H9N2 AI 백신	국내 양계농가 피해 최소화를 위해 H9N2형 저병원성 AI 방어용 백신 개발
돼지의 구제역백신접종에 따른 이상육 발생 회피용 피내접종법	구제역백신의 돼지 피내접종용 무침주사기 제작 및 접종프로그램 개발

[표 20] 우리나라 가축전염병 대응 기술개발 현황

한국의 선진국 대비 구제역·AI 대응 기술 수준은 발생 예방 67%(일본 대비 6.7년 기술격차), 확산방지 및 사후관리 73%(일본, 5.6년), 백신국산화 62%(영국, 7.2년), 동물약품 및 방역장비 82%(영국, 4.5년) 수준이다. 우리나라는 예찰·예방기술, 백신, 동물용 의약품 개발을 중점으로 기술개발을 추진 중이며, 융복합 기술을 기반으로 한 연구는 다소 미흡한 실정이다.

구분	연구성과 및 기술수준
예찰 · 예방	○ (국제협력) 아시아·태평양 수의역학 공조체계 구축(정보교류 등) * 야생 조류 AI 바이러스 전파 기전 규명(Science지 게재) 등 ○ (국경검역) 축산종사자, 외국인 노동자 국경검역관리시스템 구축 운영 ○ (차단방역) 양돈 및 가금(4종) 농가보급형 표준설계도 마련(정책사업 반영), 축종별 농장방역 매뉴얼 개발 중 ○ (가금백신) 저병원성(H9N2) AI 백신(연 매출 70억원) 및 혼합백신(연 매출 20억원)
진단 · 치료	○ (진단) 신속 진단기술 확립(6~10시간 내) 및 AI 간이키트 상용화(15분 가능) ○ (동물용의약품) 항미생물제제(연매출 15억원) 항생제 대체제(연 매출 20억원) ○ (방역장비) 소규모 대인소독기 개발(연 매출 11억원) 등
확산방지 · 사후관리	○ (살처분·매몰) 살처분(이산화탄소 처리 등) 및 매몰처리(FRP, 호기 호열성 발효 미생물 처리 등) 표준화

[표 21] 선진국 대비 구제역·AI 대응 기술수준

라. 동물용의약품 산업 디지털 기술의 도래[18]

 디지털 기술 및 데이터는 최근 몇 년 동안 급속하게 발전하고 전 세계 다양한 산업과 개인의 일상에 깊은 영향을 미치고 있다. 그러나 동물약품 산업에서는 아직까지 디지털 기술과 데이터가 충분히 활용되지 않고 있다. 동물약품 산업은 이미 오랫동안 디지털 기술과 데이터를 활용하려는 개념이 존재했지만, 아직 디지털 시대에는 걸음마 수준에 머무르고 있다.

 그러나 최근 3~4년간 동물약품 산업에서는 디지털 기술과 데이터 활용이 가속화되어 반려동물, 가축 및 어류 양식 등 다양한 부문에서 급속한 발전이 이루어지고 있다.

1) 반려동물용 약품의 디지털 기술 및 데이터의 미래
가) 라이프스타일 제품

 미국 기업인 Pebby는 반려동물 소유자를 위한 라이프스타일 제품에 주력하며 반려동물 기술 시장의 선두에 서 있다. 그들의 혁신적인 개발은 인간과 반려동물의 관계를 강화하기 위해 설계된 스마트 펫시터 시스템이다. 이러한 라이프스타일 제품의 성공 비결은 필수 건강 정보를 제공하는 동시에 반려동물과 인간 사이의 유대감을 강화하는 능력에 있다.

 Pebby의 스마트 목줄은 반려동물의 활동을 추적하고 반려동물의 행동과 전반적인 건강에 대한 귀중한 정보를 전달합니다. 목걸이에 의해 수집된 데이터는 스마트폰 애플리케이션으로 원활하게 전송되어 이들의 행동과 건강 상태를 스마트폰에서 모니털이 할 수 있다.

나) 애플리케이션

 반려동물 건강 기술의 최전선에서 모바일 애플리케이션이 가장 발전 가능성이 높은 분야로 떠오르고 있다. 이러한 애플리케이션은 작업 흐름을 간소화하고 일상 업무를 향상시켜 수의사에게 권한을 부여하도록 설계되었다. 좋은 예는 JSI Group에서 개발한 rVetLink Referral App 추천 앱이다.

rVetLink Referral App을 사용하면 수의사가 자신이 선호하는 사례에 맞는 참조 사례에 효율적으로 액세스하고 관리할 수 있다. 이 모바일 애플리케이션을 사용하여 수의사는 스마트폰이나 태블릿에서 귀중한 정보와 참조 자료를 빠르게 검색할 수 있다. 이 혁신적인 도구를 사용하면 정보에 입각한 결정을 내리고 환자에게 더 나은 치료를 제공하며 전문적인 진료를 최적화할 수 있다.

다) 피부 센서

 페인트레이스 베트(Paintrace Vet)라고 불리는 특수 피부 센서는 수의 진료에서 통증 관리를

---

18) 글로벌 동물약품 디지털기술 동향보고서/동물용의약품 수출연구사업단

위해 개발되고 있다. 이 센서는 통증 수준과 위치를 비침습적으로 측정하여 생체 신호를 기반으로 그래프를 생성한다. 이 기술은 임상 및 연구 응용 분야에서 강력한 잠재력을 가지고 있지만 현재 개발이 미흡하다. 더 정교해지면 반려 동물의 통증 관리에 혁신을 일으키고 웰빙을 향상시킬 수 있다.

2) 축산 부분의 디지털화
가) 가축관리 효율화 및 생산성 향상

최근 몇 년 동안 축산업은 농장 관리의 생산성과 효율성을 향상시키기 위한 첨단 AI 기술의 도입을 목격했다. 자동 사료 공급기, 돼지 선별기 등 노동력을 줄이기 위해 고안된 자동화 장치가 농장에 널리 도입되어 보다 정밀한 개체 관리와 생산성 향상이 가능해졌다. 그러나 이러한 발전에도 불구하고 돼지의 성장 및 건강 징후를 육안으로 검사하는 것은 여전히 농장 관리자의 몫이다.

하지만 최근 AI 기술의 통합으로 돼지 상태를 보다 직접적으로 모니터링하고 보고하는 새로운 솔루션이 등장했다.

〈출처 : 한국축산데이터〉　　　　〈출처 : FarmSee〉

〈출처 : Fancom〉　　　　〈출처 : 일루베이션〉

[그림 6] 국내외 영상기반 체중측정 및 활용 기술 예시

이러한 기술 중 하나는 상을 기반으로 비육돈을 관리하는 기술이다. 체중은 돼지가 정상적으로 잘 크고 있는지를 확인할 수 있는 중요한 지표이다. 하지만 농장에서 비육기간 동안 수시로 체중계로 돼지의 체중을 측정하는 작업은 현실적으로 불가능하기 때문에 일반적으로는 농

장 관리자의 눈과 경험에 의한 판단에 의존하여 관리한다.

 영상기반의 체중 측정 기술을 활용하면 매일 체중이 자동으로 측정되어 기록되기 때문에 돼지가 잘 크고 있는지 아닌지를 쉽고 정확하게 판단하고 관리할 수 있다. 또한 자동 수집되는 체중정보를 기반으로 이상개체 탐지, 출하돈 선별, 개체별 사료 전환시점 제안 등의 다양한 서비스가 생겨나고 있어 농장에 적합한 서비스를 잘 선택하여 활용한다면 비육돈 관리의 효율성 및 생산성을 높일 수 있을 것이다.
 두 번째는 영상을 활용하여 모돈을 관리하는 기술이다. 모돈관리는 생산성과 직결되기 때문에 문제가 발생되지 않도록 많은 주의를 기울여야 한다. 하지만 관리자가 모돈을 24시간 모니터링하는 것이 현실적으로 불가능하기 때문에 교배적기나 분만사고 등을 놓치는 경우가 발생하고 이는 생산성 저하로 이어진다.

 최근 인공지능을 활용하여 영상 모니터링을 통해 이러한 이상 상황을 탐지하고 알려주는 기술이 상용화되고 있다. 영상을 통해 모돈의 행동 모니터링으로 발정과 분만시기를 감지하는 기술이 있으며, 모돈의 분만시간, 난산여부, 분만간격, 초유 유효시간, 기립횟수, 총산자수 등 다양한 정보를 자동으로 모니터링하고 이상 상황이 발생하면 알람을 제공하는 기술도 상용화되었다.

 이렇게 사람의 주의가 필요한 부분을 상시 모니터링하여 알려주는 시스템을 활용하면 이상 상황 발생 시 알람을 주기 때문에 관리자가 좀 더 빨리 문제상황에 대처할 수 있고 이를 통해 모돈관리의 효율성 및 생산성을 높일 수 있을 것이다.

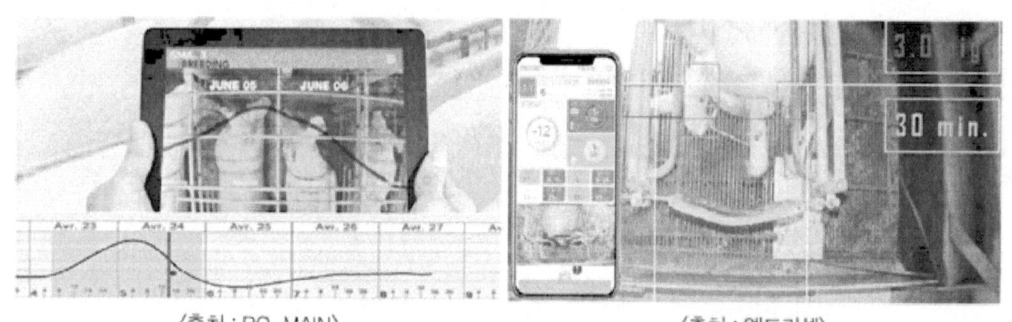

〈출처 : RO-MAIN〉　　　　　　〈출처 : 엠트리센〉

[그림 7] 돼지 기침 모니터링 기술 예시

 이미지 기반 기술 외에도 농장 관리 강화를 위해 음성에도 AI를 적용하고 있다. 호흡기 질환은 양돈장 생산성에 상당한 영향을 미치므로 조기 발견 및 개입이 필요하다. 기침은 호흡기 질환의 흔한 증상이지만, 돼지가 사람 앞에서는 기침을 하지 않는 경향이 있으므로 식별하기 어려운 경우가 많다. 이 문제를 해결하기 위해 기침 소리의 빈도를 모니터링하는 초기 솔루션이 개발되었다. 최근에는 기침 소리를 분석하고 다양한 유형의 호흡기 질환을 분류하여 성능을 향상시키기 위해 AI 기반 시스템이 연구되고 있다. 앞서 언급한 이미지 기반 기술과 결합하면 이러한 발전은 농장 관리 효율성과 생산성을 향상시키는 데 중요한 도구 역할을 할 것이다.

나) 소의 번식 기술

소의 번식과 건강 관리는 기술 발전, 유럽의 할당량 철폐, 세계적인 규모의 소 사육 확대로 인해 상당한 변화를 겪고 있다. 전 Ghent 대학의 소 건강 조교수였던 Geert Opsomer 교수는 이러한 발전으로 인한 문제를 강조했다.

축산업에서 중요한 관심사 중 하나는 소의 성공적인 번식이다. 성공적인 번식은 암소의 발정 행동에 대한 세부적이고 정학환 측정에 달려 있다. 그러나 소의 열을 감지하는 과정은 시간이 많이 걸리고 특히 많은 가축을 다룰 때 사람의 실수가 발생하기 쉽다. 그러나 디지털 기술은 젖소 식별, 움직임 추적, 실시간 모니터링 및 센서 기반 시스템을 활용하여 젖소 활동 및 발정과 관련된 건강 지표를 빠르고 정확하게 평가하는 솔루션을 제공한다.

2014년에 설립된 아일랜드 기업 무콜(Moocall은 가축용 디지털 웨어러블 분야의 선구자로 떠올랐다. Moocall사는 귀 태그 외에도 소 꼬리에 부착하도록 특별히 설계된 웨어러블 장치를 개발했다. 이 장치는 센서를 사용하여 소가 언제 새끼를 낳을지 예측하고 문자 메시지를 통해 농부들에게 정보를 전달한다. 번식 보조제를 포함한 Moocall의 제품 라인업은 시장에서 인지도와 인기를 얻었다.

가축 산업의 많은 디지털 기술이 광범위한 건강 문제에 대한 데이터를 캡처하고 분석하는 데 중점을 두고 있지만 출산 및 분만 분야는 여전히 틈새시장이며 독자적인 시장의 관심을 모을 수 있다.[19]

다) 디지털 축산 기술을 활용한 방역 강화

최근 축산업은 디지털 기술의 융합으로 눈부신 발전을 이루었다. 이러한 디지털 기술은 농가의 생산성을 높이는데 뿐만 아니라 방역체계를 강화하는 데에도 활용되고 있다. 양돈농가는 해마다 유행하는 구제역(FMD), 아프리카돼지열병(ASF) 등의 전염병 때문에 어려움을 겪는다. 이러한 전염병을 예방하기 위해서는 축산차량 출입이력 관리, 사육환경 관리, 농장단위 방역 조치 강화 등이 필요하다.

정부에서는 가축 방역관리의 효율성과 효과성을 높이기 위해 디지털 가축방역 시스템인 국가가축방역통합시스템(KAHIS)을 구축하고, GPS를 통해 축산관련 차량의 축산관련 시설 출입정보를 실시간으로 모니터링하여 가축전염병 발생시 확산경로 추적에 활용하고 있다.

농가 단위에서는 차량번호 인식장치 등이 포함된 차단방역기를 활용하여 방역을 강화할 수 있다. 또한 디지털 축산 기술을 활용하면 사료급이, 환경관리, 가축상태 모니터링 등 많은 부분에서 자동화나 원격모니터링이 가능해져 돈사 내부 출입의 횟수가 줄어들 것이고, 이는 외부로부터의 오염물질이 돈사 내부로 들어갈 가능성을 줄여주어 간접적으로 방역강화의 효과를 얻을 수 있다.

---

19) 동물용의약품 수풀연구사업단 3차년도 동향보고서 (글로벌 동물약품 디지털기술)

농가에서는 디지털 기술을 잘 활용하고 연구소나 기업에서는 관련 기술을 계속 발전시키고 상용화시킨다면 디지털 축산이 방역 측면에서도 새로운 가치를 창출할 수 있을 것이다.

라) 돼지건강의 복지 및 예방접종 주요 부문

많은 농장이 동물 복지 기준을 강화해야 한다는 압력에 직면함에 따라 디지털 기술은 더 많은 기회가 있을 것이다. 돼지 사육에서 디지털 기술은 열 스트레스 감지, 환경 요인 모니터링, 공격성 및 활동 수준과 같은 행동 패턴 평가와 같은 영역에서 중요한 역할을 할 수 있다. 이 분야에 대한 연구는 아직 초기의 연구단계들로 걸음마 단계이지만, 소 건강산업과 같이, 개별 및 그룹 수준의 건강에 대한 '큰 그림'을 제공하기 위해 이들 특징들을 상호 연계할 수 있는 플랫폼 기술이 시장에서 가장 유용하고, 큰 성공을 거둘 것으로 예상된다.

연구에 따르면 간단한 실시간 모델은 돼지의 정밀 농업 가축 모델에서 복잡한 동물 특성을 성공적으로 모니터링할 수 있다. 예를 들어, 벨기에 KU Leuven의 연구 프로젝트는 간단한 실시간 모델을 사용하여 동물 특성을 모니터링하는 유망한 결과를 보여주었다. 매개변수가 여러 개인 모델의 경우 실시간 측정이 불가능할 수 있지만 덜 복잡한 시스템은 여전히 효과적일 수 있다.

현재 널리 보급되지는 않았지만 디지털 기술이 돼지 건강에 도움이 될 수 있는 또 다른 영역은 백신 접종이다. 디지털 도구는 백신을 접종한 동물과 백신을 접종하지 않은 동물의 기록을 유지하고 백신 및 기타 약물 사용을 추적하며 적절한 백신 접종 계획을 세우는 데 도움이 될 수 있다. 이처럼 돼지 부문에 대한 디지털 기술의 잠재력에도 불구하고 이 분야의 신생 기업은 현재 소 산업에 비해 눈에 잘 띄지 않는다.[20]

---

20) 새로운 가치를 창출하는 디지털 축산/피그앤포크한돈

04

동물용의약품 시장 동향

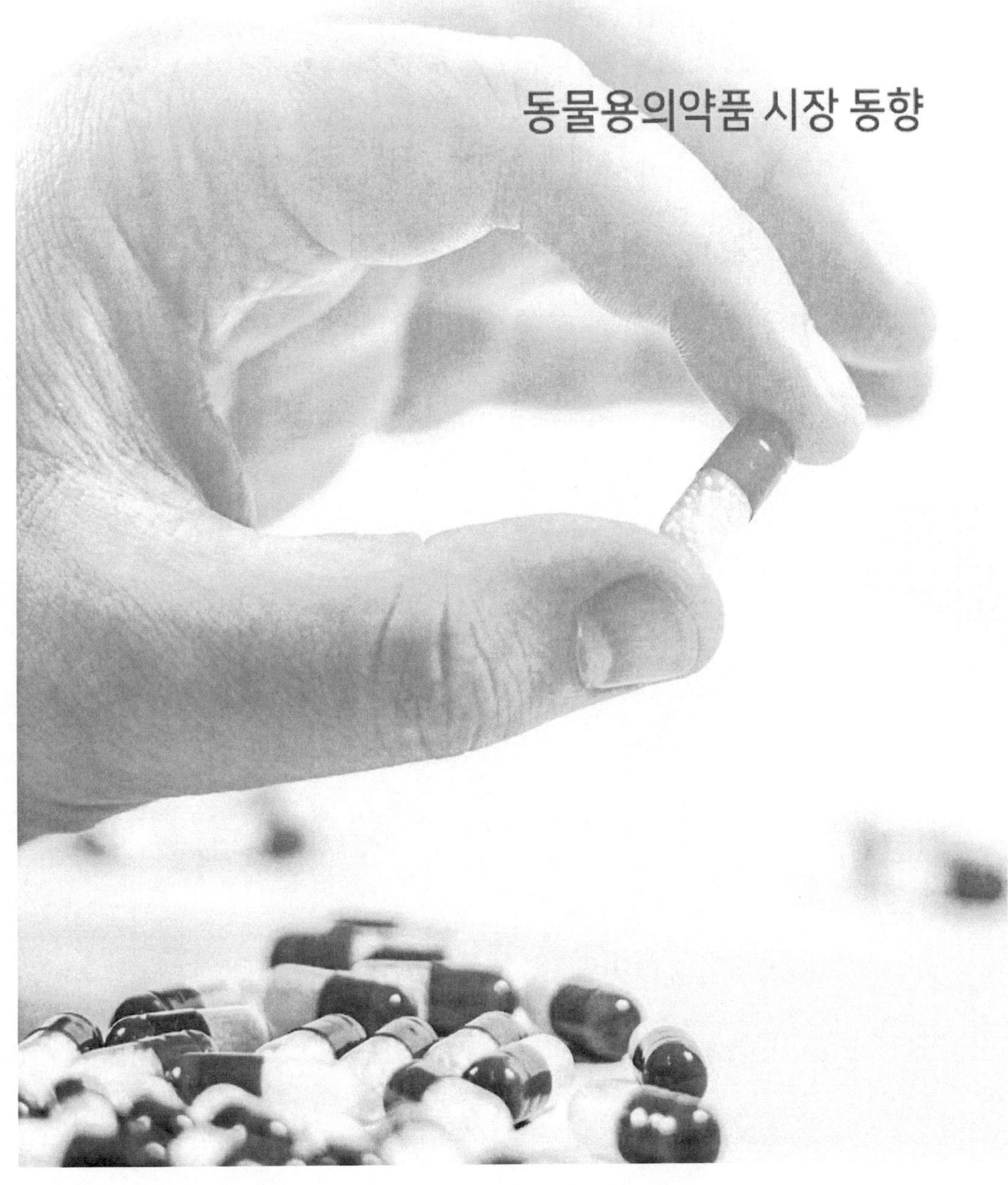

4. 동물용의약품 시장 동향
가. 세계 동향[21]

전 세계 동물 의약품 시장은 2019년 229억 7,306만 달러에서 연평균 성장률 4.6%로 증가하여, 2027년에는 296억 9,819만 달러에 이를 것으로 전망된다.

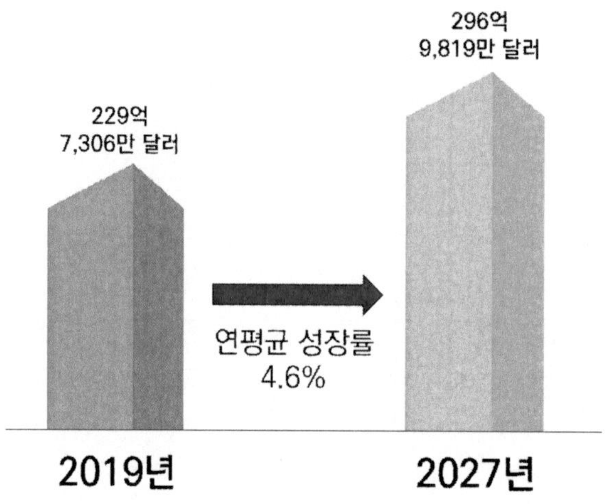

[그림 9] 글로벌 동물 의약품 시장 규모 및 전망

전 세계 반려동물용 특수 의약품 시장은 2019년 88억 7,652만 달러에서 연평균 성장률 4.71%로 증가하여, 2024년에는 111억 7,436만 달러에 이를 것으로 전망된다.

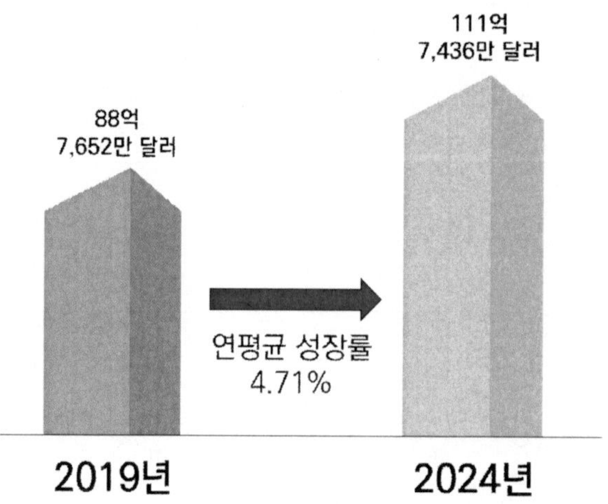

[그림 10] 글로벌 반려동물용 특수 의약품 시장
규모 및 전망

---

21) 동물 의약품 시장, 글로벌 시장동향보고서/연구개발특구진흥재단

1) 세부항목별 시장 규모

전 세계 동물 의약품 시장은 제품에 따라 약제, 백신, 약용 사료 첨가제로 분류할 수 있다.
약제는 2019년 123억 7,005만 달러에서 연평균 성장률 4.0%로 증가하여, 2027년에는 152억
7,440만 달러에 이를 것으로 전망되고, 백신은 2019년 56억 9,076만 달러에서 연평균 성장률
5.7%로 증가하여, 2027년에는 80억 120만 달러에 이를 것으로 전망된다. 마지막으로 약용
사료 첨가제는 2019년 49억 1,225만 달러에서 연평균 성장률 4.7%로 증가하여, 2027년에는
64억 2,259만 달러에 이를 것으로 전망된다.

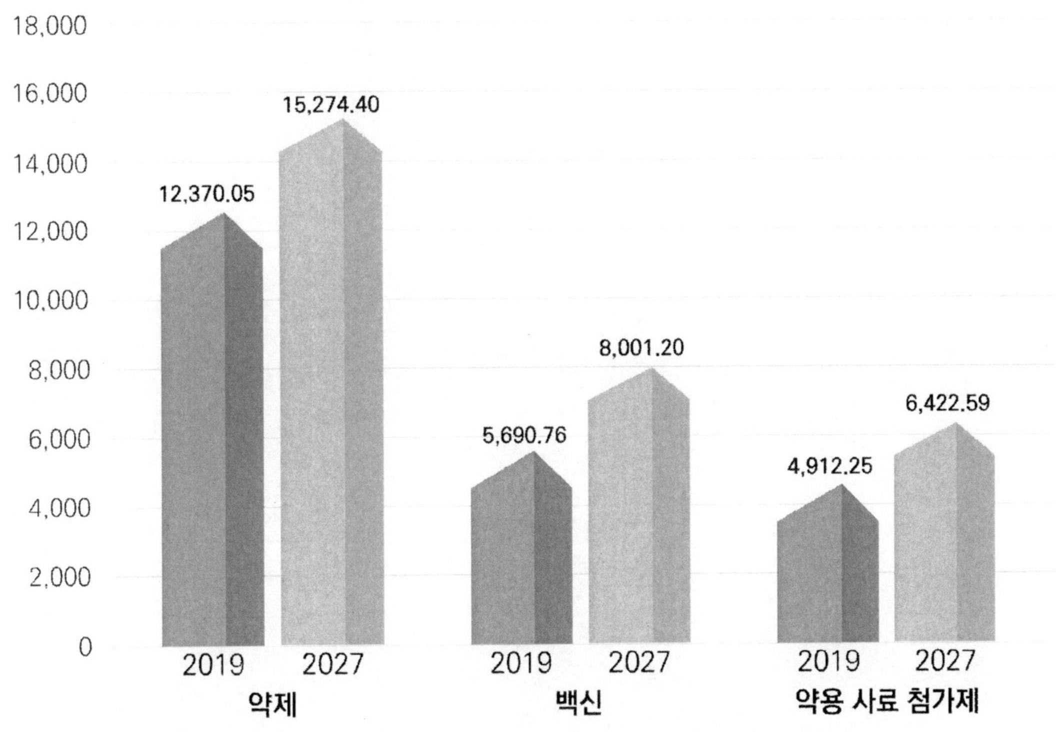

[그림 11] 글로벌 동물 의약품 시장의 제품별 시장 규모 및 전망 (단위: 백만 달러)

전 세계 동물 의약품 시장은 동물 종류에 따라 가축, 반려동물로 분류되며, 가축은 2019년
127억 5,290만 달러에서 연평균 성장률 4.2%로 증가하여, 2027년에는 159억 5,594만 달러에
이를 것으로 전망된다. 반려동물은 2019년 102억 2,016만 달러에서 연평균 성장률 5.1%로
증가하여, 2027년에는 137억 4,225만 달러에 이를 것으로 전망된다.

전 세계 동물 의약품 시장은 유통 채널에 따라 소매 동물 약국, 동물 병원 약국으로 분류할
수 있다. 소매 동물 약국은 2019년 129억 2,462만 달러에서 연평균 성장률 5.2%로 증가하여,
2027년에는 174억 7,398만 달러에 이를 것으로 전망되며, 동물 병원 약국은 2019년 100억
4,844만 달러에서 연평균 성장률 3.8%로 증가하여, 2027년에는 122억 2,421만 달러에 이를
것으로 전망된다.

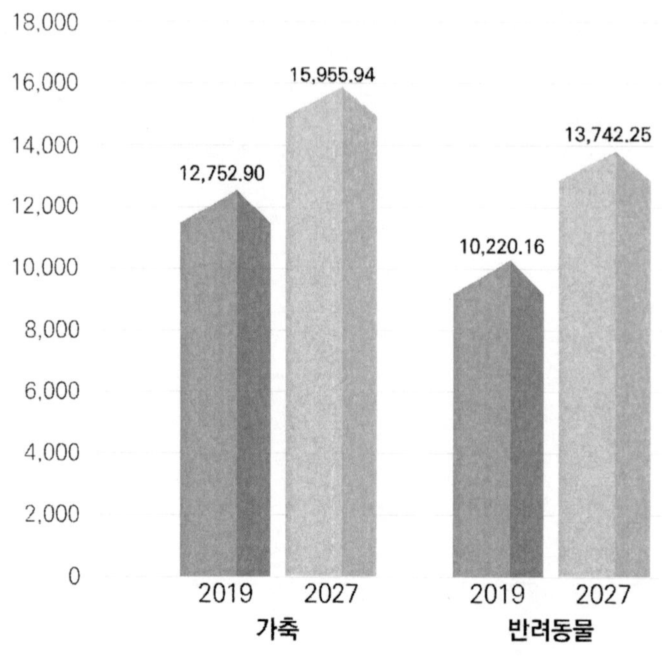

[그림 12] 글로벌 동물 의약품 시장의 동물 종류별 시장 규모 및 전망
(단위: 백만 달러)

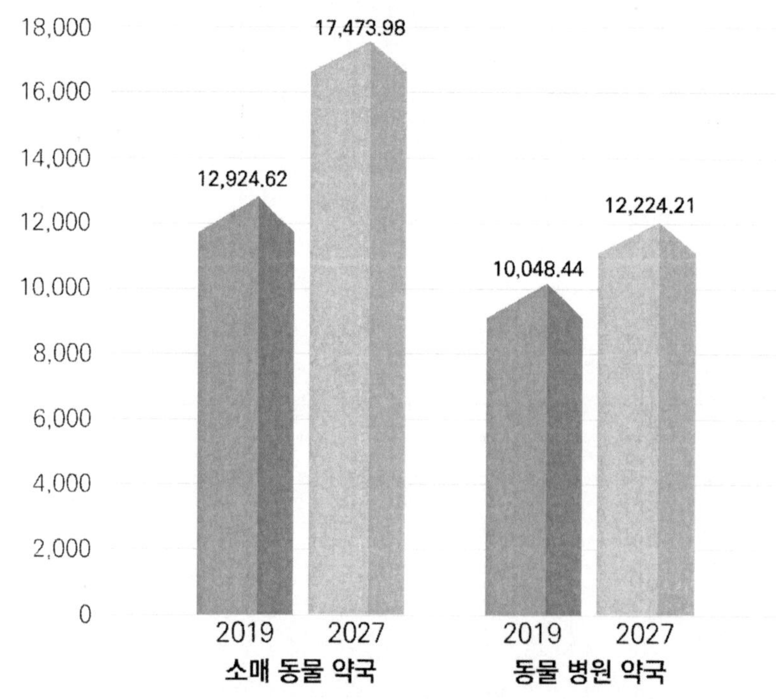

[그림 13] 글로벌 동물 의약품 시장의 유통 채널별 시장 규모 및 전망
(단위: 백만 달러)

2) 지역별 시장 규모

전 세계 동물 의약품 시장을 지역별로 살펴보면, 2019년을 기준으로 북아메리카 지역이 41.3%로 가장 높은 점유율을 나타냈다. 북아메리카 지역은 2019년 94억 9,477만 달러에서 연평균 성장률 3.6%로 증가하여, 2027년에는 114억 707만 달러에 이를 것으로 전망된다. 유럽 지역은 2019년 66억 9,205만 달러에서 연평균 성장률 4.5%로 증가하여, 2027년에는 85억 8,872만 달러에 이를 것으로 전망되며, 아시아-태평양 지역은 2019년 42억 1,096만 달러에서 연평균 성장률 6.3%로 증가하여, 2027년에는 62억 692만 달러에 이를 것으로 전망된다. 마지막으로 라틴아메리카, 중동 및 아프리카 지역은 2019년 25억 7,528만 달러에서 연평균 성장률 5.2%로 증가하여, 2027년에는 34억 9,548만 달러에 이를 것으로 전망된다.

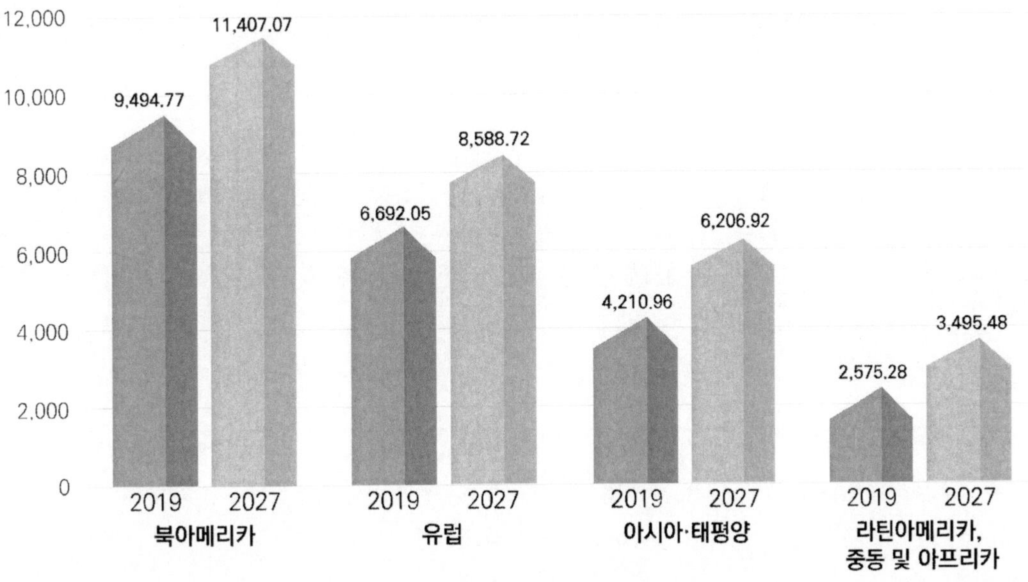

[그림 14] 글로벌 동물 의약품 시장의 지역별 시장 규모 및 전망 (단위: 백만 달러)

나. 국내 동향[22]

한국동물약품협회에서 '2022년 동물용 의약품 등 생산·수출·수입실적'을 분석한 결과를 발표하였다. 이에 따르면, 2022년 우리나라 동물용 의약품 시장규모는 1조 4,313억원으로 전년 대비 5.1% 증가하였다. 이 중 국내 생산규모는 10,284억원으로 전년 대비 9.1% 성장한 것으로 나타났다.

또한, 국내생산 중 내수 금액은 5,532억원, 수입완제 금액는 4,029억원으로 내수시장 규모는 전년 대비 3.6% 증가한 9,561억원을 기록했다.

지난해 국내 동물용의약품의 성장의 주요 요인을 분석한 결과 대사성약, 동물용의료기기, 동물용의약품 원료 등이 전년 대비 10% 이상 성장했다. 이에 반해 소화기계작용약은 전년 대비 9.8% 감소했다.

수입완제 규모는 전년 대비 0.5% 감소했는데 이는 환율상승이 그 원인으로 분석됐으며 특히 소화기계작용약이 전년 대비 15.1% 감소한 것으로 조사됐다. 환율 상승으로 대부분 수입품목이 마이너스 성장률을 기록한 것에 반해, 동물용의료기기 분야는 전년 대비 22.4% 크게 증가한 515억원을 기록했는데 이는 체외진단용 의료기기 수입 성장이 큰 역할을 한 것으로 분석됐다.

(단위 : 억원, %)

구 분			2018년	2019년	2020년	2021년	2022년
	국내생산(A+B)		7,844	8,331	8,410	9,429	10,284
	(내수, A)		4,647	4,832	4,911	5,177	5,532
(수출, B)	금액		3,197	3,499	3,499	4,252	4,752
	수출/국내생산(%)		41	42	42	45	46
	수입완제(C)		3,407	3,709	3,838	4,052	4,029
	내수시장(A+C)		8,054	8,541	8,749	9,229	9,561
	전체규모 (A+B+C)		11,251	12,040	12,248	13,481	14,313

[그림 15] 연도별 동물약품 산업현황

수출시장은 달러 기준 전년 대비 약 1% 하락했으나 환율상승 등으로 한화 기준 약 11.7% 증가한 4,752억원을 기록했다. 동물용 의료기기, 화학제제, 원료 등은 증가하였으나 사료첨가제는 크게 감소했다.

---

[22] 동물 의약품 시장, 글로벌 시장동향보고서/연구개발특구진흥재단

수출 국가는 지난 2020년보다 4개국 늘어난 119개국으로 네덜란드, 베트남, 브라질, 프랑스 순으로 가장 많이 수출했다. 또한 유럽의 경우 주요 수출 품목이 원료에 해당 되었다.

단위 : 억원

구 분		2021년		2022년		증감률
		금액	점유율	금액	점유율	
원료		1,850	43.5%	2,103	44.3%	13.7%
완제	화학제제	1,186	27.9%	1395	29.4%	17.6%
	생물학적제제	370	8.7%	354	7.4%	-4.3%
	사료첨가제	85	2.0%	64	1.3%	-24.7%
	의약외품	65	1.5%	67	1.4%	3.1%
	의료기기	696	16.4%	769	16.2%	10.5%
	소계	2,402	56.5%	2,649	55.7%	10.3%
합 계		4,252	100%	4,752	100%	11.8%

· US$ 기준 ('21년) 370백만$ ⇒ ('22년) 367백만$ (전년 대비 약 1% 하락)

[그림 16] 2021~2022년 동물약품 수출 현황

우리나라의 동물 의약품 시장은 2019년 2억 4,845만 달러에서 연평균 성장률 3.8%로 증가 하여, 2027년에는 3억 352만 달러에 이를 것으로 전망된다.

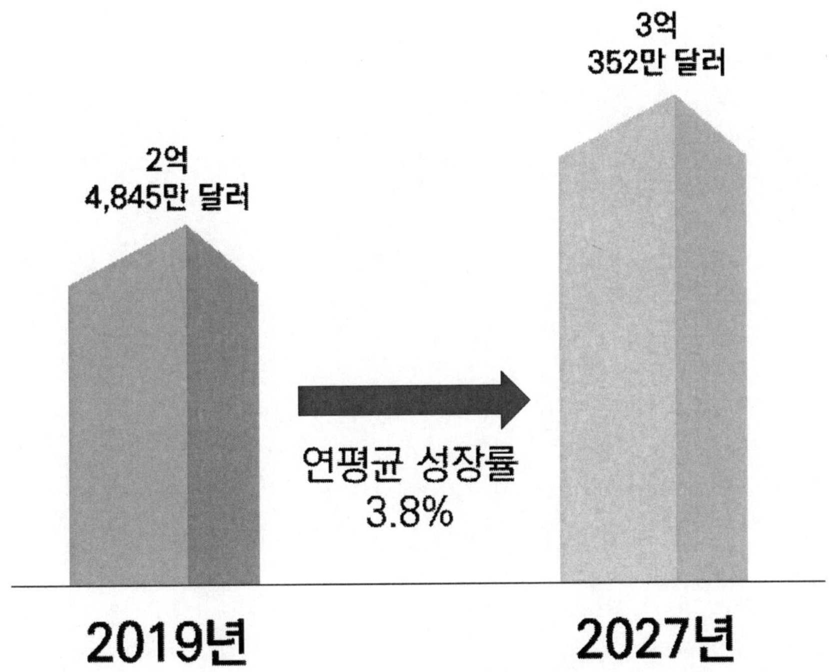

[그림 17] 우리나라 동물 의약품 시장 규모 및 전망

1) 세부항목별 시장동향

우리나라 동물 의약품 시장은 제품에 따라 약제, 백신, 약용 사료 첨가제로 분류된다. 약제는 2019년 1억 3,545만 달러에서 연평균 성장률 3.2%로 증가하여, 2027년에는 1억 5,803만 달러에 이를 것으로 전망되며, 백신은 2019년 6,059만 달러에서 연평균 성장률 4.9%로 증가하여, 2027년에는 8,067만 달러에 이를 것으로 전망된다. 마지막으로 약용 사료 첨가제는 2019년 5,241만 달러에서 연평균 성장률 4.0%로 증가하여, 2027년에는 6,482만 달러에 이를 것으로 전망된다.

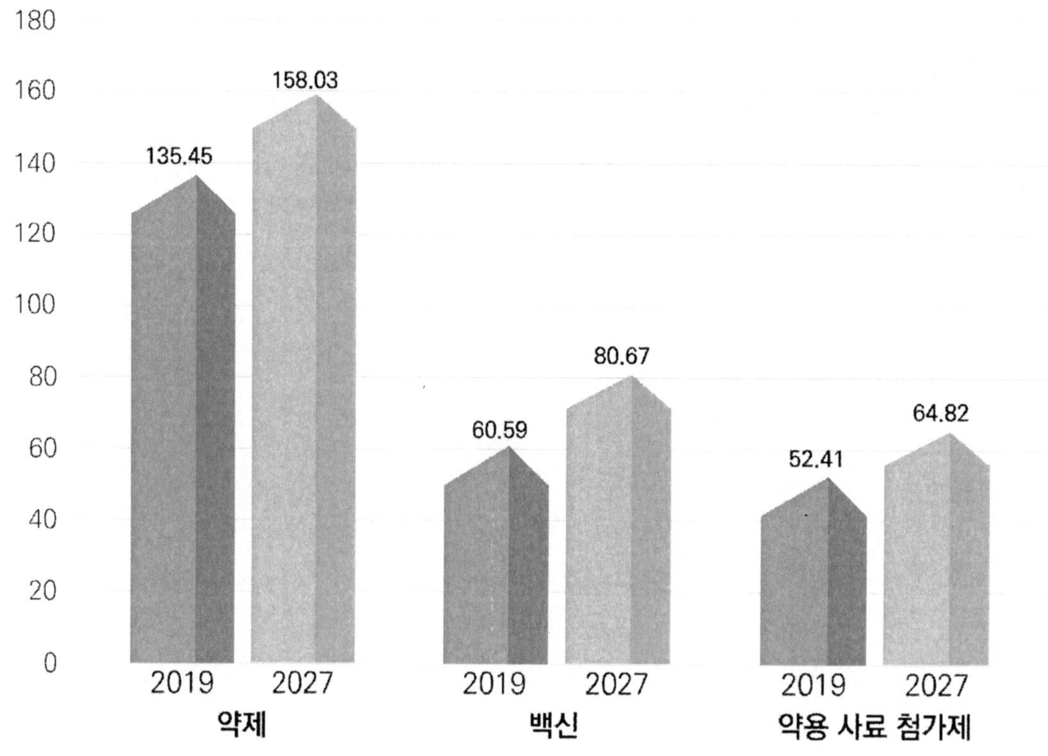

[그림 18] 우리나라 동물 의약품 시장의 제품별 시장 규모 및 전망 (단위: 백만 달러)

우리나라 동물 의약품 시장은 동물 종류에 따라 가축, 반려동물로 분류할 수 있다. 가축은 2019년 1억 3,771만 달러에서 연평균 성장률 3.4%로 증가하여, 2027년에는 1억 6,280만 달러에 이를 것으로 전망되며, 반려동물은 2019년 1억 1,074만 달러에서 연평균 성장률 4.3%로 증가하여, 2027년에는 1억 4,072만 달러에 이를 것으로 전망된다.

우리나라 동물 의약품 시장은 유통 채널에 따라 소매 동물 약국, 동물 병원 약국으로 분류할 수 있다. 소매 동물 약국은 2019년 1억 4,006만 달러에서 연평균 성장률 4.4%로 증가하여, 2027년에는 1억 7,890만 달러에 이를 것으로 전망되며, 동물 병원 약국은 2019년 1억 839만 달러에서 연평균 성장률 3.0%로 증가하여, 2027년에는 1억 2,462만 달러에 이를 것으로 전망된다.

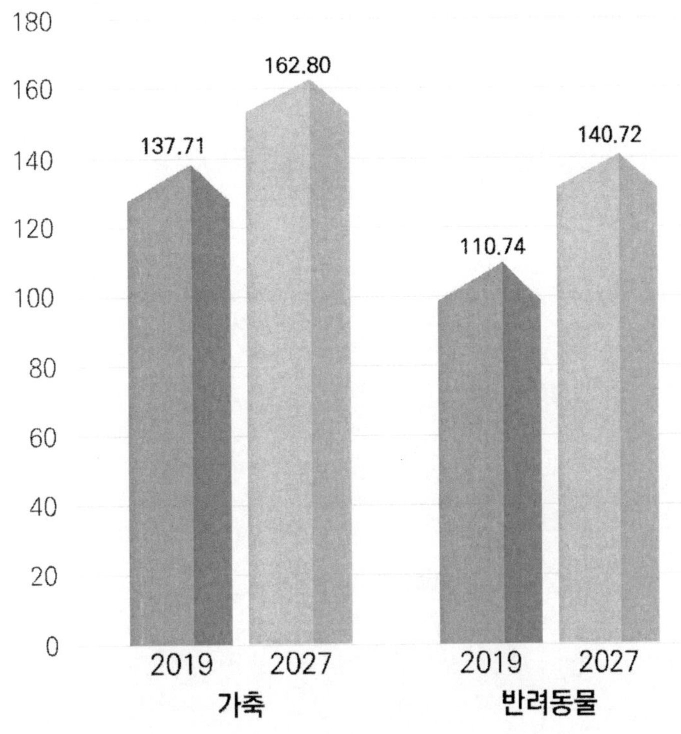

[그림 19] 국내 동물 의약품 시장의 동물 종류별 시장 규모 및 전망
(단위: 백만 달러)

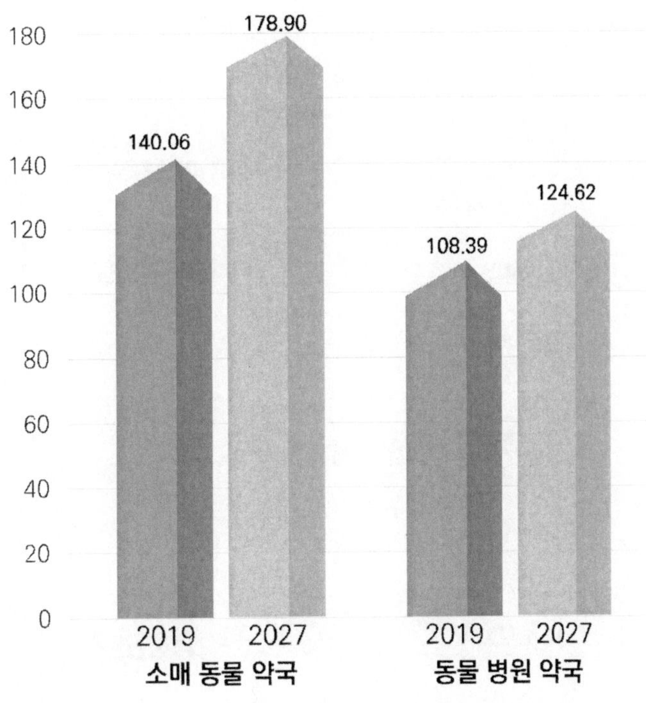

[그림 20] 국내 동물 의약품 시장의 유통 채널별 시장 규모 및 전망
(단위: 백만 달러)

다. 분야별 시장 동향

1) 백신 시장[23)]

전 세계 수의용 백신 시장은 2017년 65억 달러에서 연평균 성장률 5.9%로 증가하여, 2025
년에는 102억 8,208만 달러에 이를 것으로 전망된다.

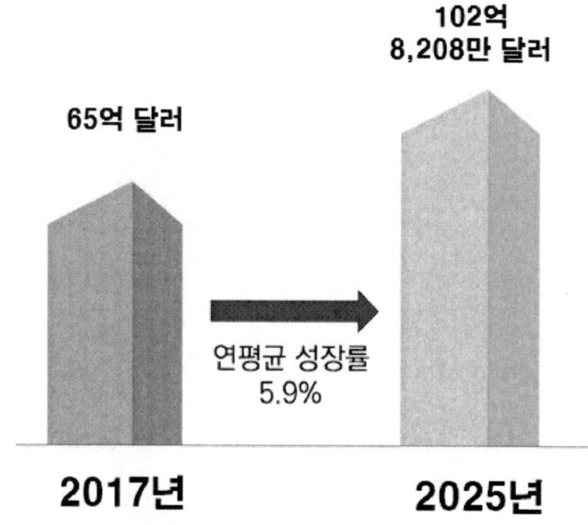

[그림 21] 글로벌 수의용 백신 시장 규모 및 전망

전 세계 동물 백신 시장은 2017년 57억 639만 달러에서 연평균 성장률 4.84%로 증가하여,
2025년에는 84억 1,264만 달러에 이를 것으로 전망된다.

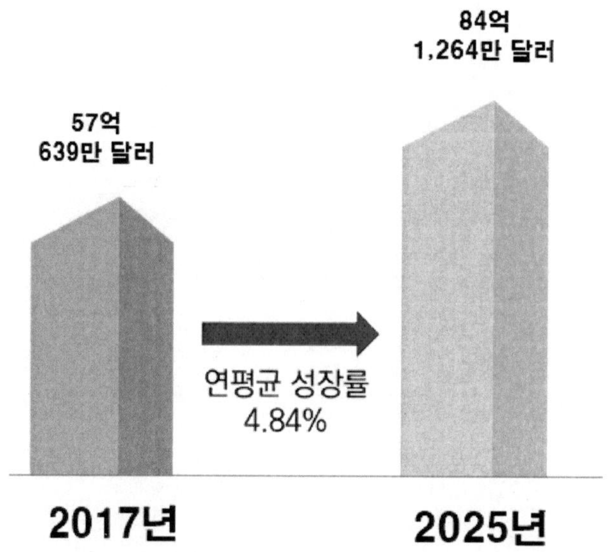

[그림 22] 글로벌 동물 백신 시장 규모 및 전망

---

23) 수의용 백신 시장/연구개발특구진흥재단

가) 세부기술별 시장 규모

전 세계 수의용 백신 시장은 종류에 따라 돼지용 백신, 가금류용 백신, 가축용 백신, 반려동물용 백신, 수산양식 동물용 백신, 기타 백신으로 분류할 수 있다.

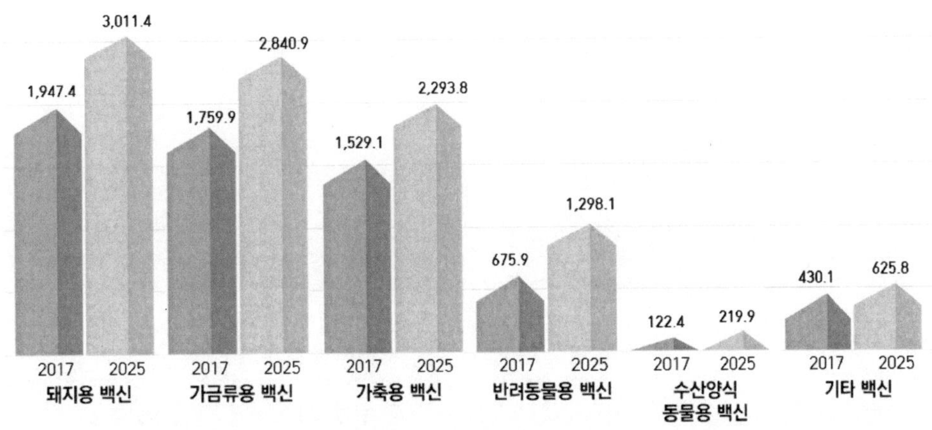

[그림 23] 글로벌 수의용 백신 시장의 종류별 시장 규모 및 전망 (단위: 백만 달러)

돼지용 백신은 2017년 19억 4,740만 달러에서 연평균 성장률 5.6%로 증가하여, 2025년에는 30억 1,138만 달러에 이를 것으로 전망된다. 가금류용 백신은 2017년 17억 9,590만 달러에서 연평균 성장률 5.9%로 증가하여, 2025년에는 28억 4,086만 달러에 이를 것으로 전망된다.

다음으로 가축용 백신은 2017년 15억 2,910만 달러에서 연평균 성장률 5.2%로 증가하여, 2025년에는 22억 9,383만 달러에 이를 것으로 전망되고, 반려동물용 백신은 2017년 6억 7,590만 달러에서 연평균 성장률 8.5%로 증가하여, 2025년에는 12억 9,813만 달러에 이를 것으로 전망된다. 수산양식 동물용 백신은 2017년 1억 2,240만 달러에서 연평균 성장률 7.6%로 증가하여, 2025년에는 2억 1,992만 달러에 이를 것으로 전망되며, 마지막으로 기타 백신은 2017년 4억 3,010만 달러에서 연평균 성장률 4.8%로 증가하여, 2025년에는 6억 2,583만 달러에 이를 것으로 전망된다.

전 세계 가축용 백신 시장은 종류에 따라 소 백신과 소형 반추동물 백신으로 분류할 수 있다. 소 백신은 2017년 12억 4,250만 달러에서 연평균 성장률 5.3%로 증가하여, 2025년에는 18억 8,090만 달러에 이를 것으로 전망되며, 소형 반추동물 백신은 2017년 2억 8,660만 달러에서 연평균 성장률 4.6%로 증가하여, 2025년에는 4억 1,580만 달러에 이를 것으로 전망된다.

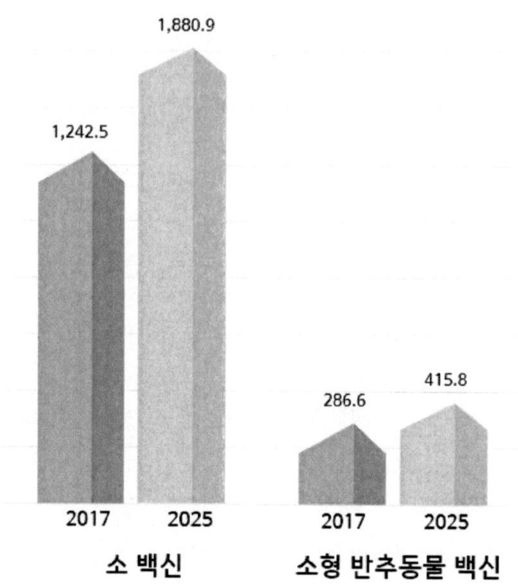

[그림 24] 글로벌 가축용 백신 시장의 종류별 시장 규모 및 전망
(단위: 백만 달러)

　전 세계 반려동물용 백신 시장은 종류에 따라 강아지 백신과 고양이 백신으로 분류할 수 있다. 강아지 백신은 2017년 4억 2,630만 달러에서 연평균 성장률 7.7%로 증가하여, 2025년에는 7억 7,168만 달러에 이를 것으로 전망되고, 고양이 백신은 2017년 2억 4,960만 달러에서 연평균 성장률 9.8%로 증가하여, 2025년에는 4억 6,063만 달러에 이를 것으로 전망된다.

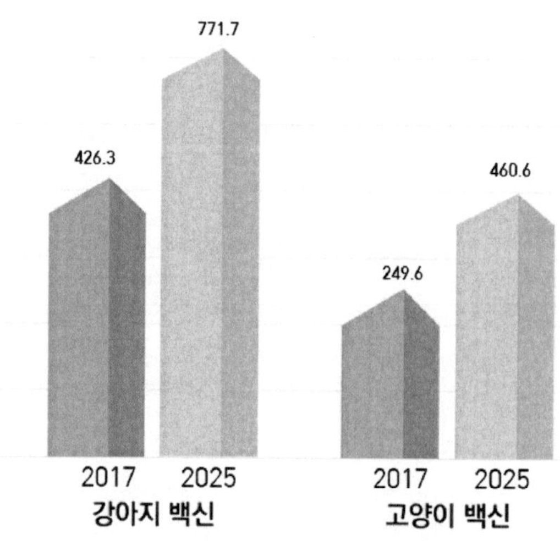

[그림 25] 글로벌 반려동물용 백신 시장의 종류별 시장 규모 및 전망
(단위: 백만 달러)

전 세계 수의용 백신 시장은 기술에 따라 약독화 생백신, 불활성화 백신, 톡소이드 백신, 재조합 백신, 기타 백신으로 분류할 수 있다.

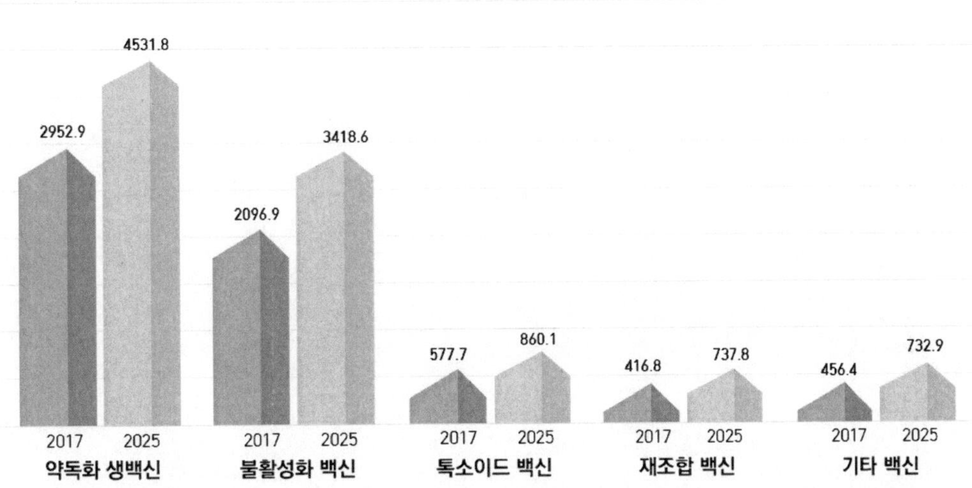

[그림 26] 글로벌 수의용 백신 시장의 기술별 시장 규모 및 전망 (단위: 백만 달러)

약독화 생백신은 2017년 29억 5,290만 달러에서 연평균 성장률 5.5%로 증가하여, 2025년에는 45억 3,187만 달러에 이를 것으로 전망되며, 불활성화 백신은 2017년 20억 9,690만 달러에서 연평균 성장률 6.3%로 증가하여, 2025년에는 34억 1,8565만 달러에 이를 것으로 전망된다.

톡소이드 백신은 2017년 5억 7,770만 달러에서 연평균 성장률 5.1%로 증가하여, 2025년에는 8억 6,005만 달러에 이를 것으로 전망되고, 재조합 백신은 2017년 4억 1,680만 달러에서 연평균 성장률 7.4%로 증가하여, 2025년에는 7억 3,783만 달러에 이를 것으로 전망된다. 마지막으로 기타 백신은 2017년 4억 5,640만 달러에서 연평균 성장률 6.1%로 증가하여, 2025년에는 7억 3,294만 달러에 이를 것으로 전망된다.

나) 지역별 시장 규모

 전 세계 수의용 백신 시장을 지역별로 살펴보면, 2017년 기준으로 유럽 지역이 32.4%로 가
장 높은 점유율을 나타냈다.

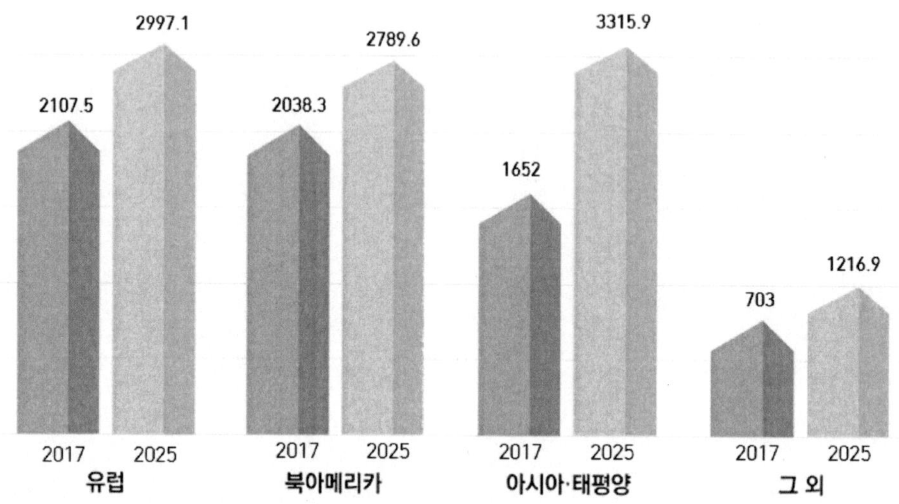

[그림 27] 글로벌 수의용 백신 시장의 지역별 시장 규모 및 전망 (단위: 백만 달러)

 유럽 지역은 2017년 21억 750만 달러에서 연평균 성장률 4.5%로 증가하여, 2025년에는 29
억 9,710만 달러에 이를 것으로 전망된다. 다음으로 북아메리카 지역은 2017년 20억 3,830만
달러에서 연평균 성장률 4.0%로 증가하여, 2025년에는 27억 8,955만 달러에 이를 것으로 전
망되며, 아시아-태평양 지역은 2017년 16억 5,200만 달러에서 연평균 성장률 9.1%로 증가하
여, 2025년에는 33억 1,595만 달러에 이를 것으로 전망된다.

 마지막으로 그 외 지역은 2017년 7억 300만 달러에서 연평균 성장률 7.1%로 증가하여,
2025년에는 12억 1,694만 달러에 이를 것으로 전망된다.

2) 진단 시장[24)

 전 세계 동물 건강진단 시장은 2017년 19억 3,167만 달러에서 연평균 성장률 9.53%로 증가
하여, 2025년에는 40억 127만 달러에 이를 것으로 전망된다.

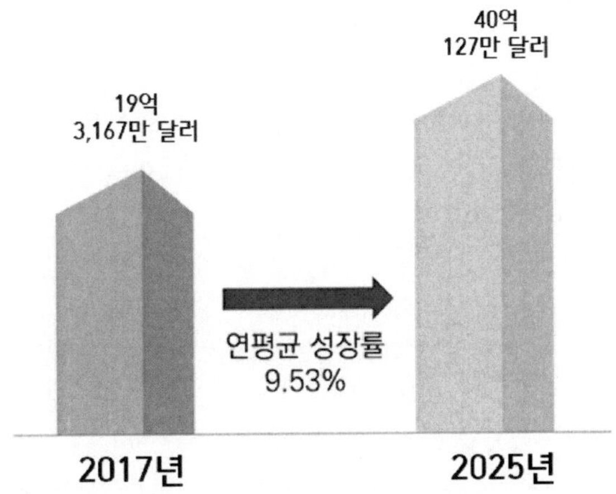

[그림 28] 글로벌 동물 건강진단 시장 규모 및 전망

가) 세부기술별 시장 규모

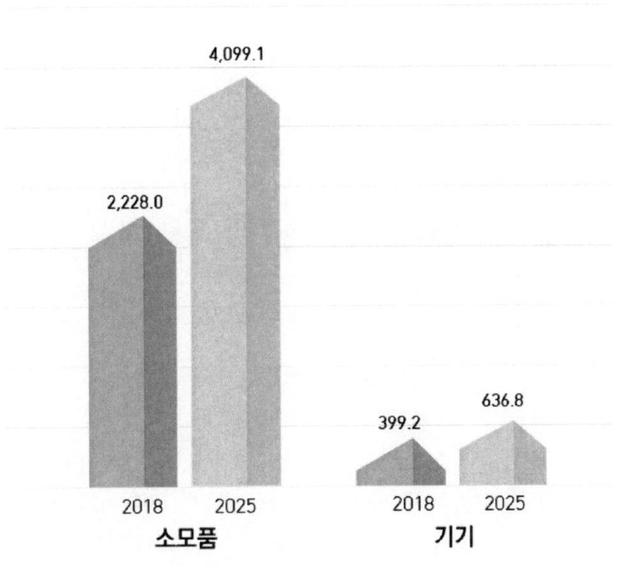

[그림 29] 글로벌 동물 진단 시장의 제품별 시장 규모 및 전망
(단위: 백만 달러)

---

24) 동물 진단 시장/연구개발특구진흥재단

전 세계 동물 진단 시장은 제품에 따라 소모품과 기기로 분류할 수 있다. 소모품은 2018년 22억 2,800만 달러에서 연평균 성장률 9.1%로 증가하여, 2025년에는 40억 9,909만 달러에 이를 것으로 전망되며, 기기는 2018년 3억 9,920만 달러에서 연평균 성장률 6.9%로 증가하여, 2025년에는 6억 3,684만 달러에 이를 것으로 전망된다.

전 세계 동물 진단 시장은 기술에 따라 면역진단, 임상 생화학, 분자진단, 혈액학, 요검사, 기타 수의학적 진단으로 분류할 수 있다. 면역진단은 2018년 9억 3,200만 달러에서 연평균 성장률 9.5%로 증가하여, 2025년에는 17억 1,470만 달러에 이를 것으로 전망되며, 임상 생화학은 2018년 8억 3,650만 달러에서 연평균 성장률 8.5%로 증가하여, 2025년에는 13억 3,447만 달러에 이를 것으로 전망된다.

분자진단은 2018년 3억 3,070만 달러에서 연평균 성장률 9.2%로 증가하여, 2025년에는 6억 842만 달러에 이를 것으로 전망되고, 혈액학은 2018년 2억 7,960만 달러에서 연평균 성장률 7.0%로 증가하여, 2025년에는 4억 5,192만 달러에 이를 것으로 전망된다. 요검사는 2018년 2억 950만 달러에서 연평균 성장률 8.6%로 증가하여, 2025년에는 3억 9,620만 달러에 이를 것으로 전망되며 마지막으로 기타 수의학적 진단은 2018년 3,900만 달러에서 연평균 성장률 8.2%로 증가하여, 2025년에는 7,375만 달러에 이를 것으로 전망된다.

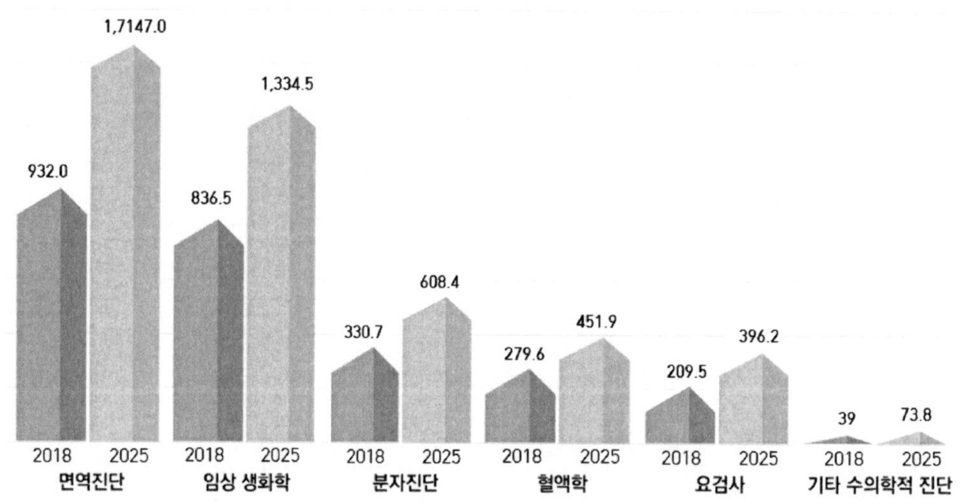

[그림 30] 글로벌 동물 진단 시장의 기술별 시장 규모 및 전망 (단위: 백만 달러)

전 세계 동물 진단 시장은 동물 종류에 따라 반려동물과 가축동물로 분류할 수 있다. 반려동물은 2018년 11억 9,120만 달러에서 연평균 성장률 11.0%로 증가하여, 2025년에는 24억 7,312만 달러에 이를 것으로 전망되며, 가축동물은 2018년 10억 3,680만 달러에서 연평균 성장률 6.7%로 증가하여, 2025년에는 16억 3,247만 달러에 이를 것으로 전망된다.

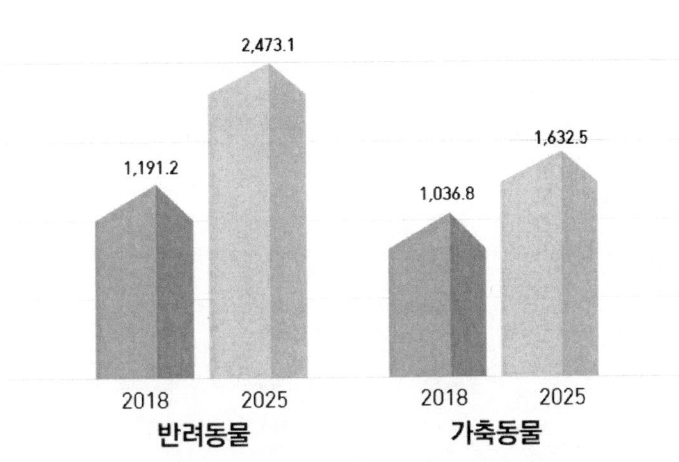

[그림 31] 글로벌 동물 진단 시장의 동물 종류별 시장 규모 및 전망
(단위: 백만 달러)

전 세계 동물 진단 시장은 최종사용자에 따라 표준실험실, 동물 병원&진료소, POC(POINT-OF-CARE)/원내 검사, 연구기관&대학으로 분류할 수 있다.

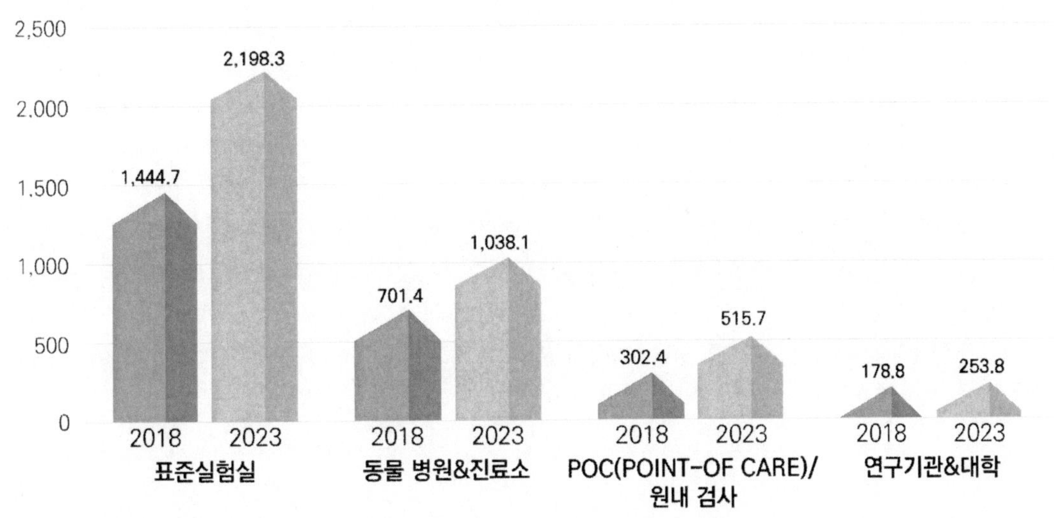

[그림 32] 글로벌 동물 진단 시장의 최종사용자별 시장 규모 및 전망 (단위: 백만 달러)

표준실험실은 2018년 14억 4,470만 달러에서 연평균 성장률 8.8%로 증가하여, 2023년에는 21억 9,830만 달러에 이를 것으로 전망되며, 동물 병원&진료소는 2018년 7억 140만 달러에서 연평균 성장률 8.2%로 증가하여, 2023년에는 10억 3,810만 달러에 이를 것으로 전망된다. POC(POINT-OF-CARE)/원내 검사는 2018년 3억 240만 달러에서 연평균 성장률 11.3%로 증가하여, 2023년에는 5억 1,570만 달러에 이를 것으로 전망되며, 마지막으로 연구기관&대학은 2018년 1억 7,880만 달러에서 연평균 성장률 7.3%로 증가하여, 2023년에는 2억 5,380만 달러에 이를 것으로 전망된다.

나) 지역별 시장 규모

전 세계 동물 진단 시장을 지역별로 살펴보면, 2017년을 기준으로 북미 지역이 42.1%로 가장 높은 점유율을 나타냈다.

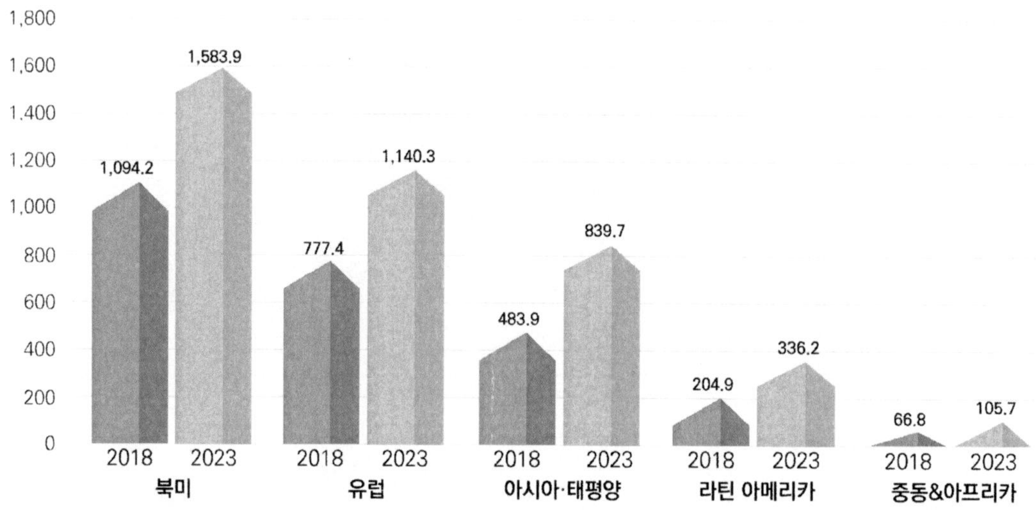

[그림 33] 글로벌 동물 진단 시장의 지역별 시장 규모 및 전망 (단위: 백만 달러)

북미 지역은 2018년 10억 9,420만 달러에서 연평균 성장률 7.7%로 증가하여, 2023년에는 15억 8,390만 달러에 이를 것으로 전망되며, 유럽 지역은 2018년 7억 7,740만 달러에서 연평균 성장률 8.0%로 증가하여, 2023년에는 11억 4,030만 달러에 이를 것으로 전망된다.

다음으로 아시아-태평양 지역은 2018년 4억 8,390만 달러에서 연평균 성장률 11.7%로 증가하여, 2023년에는 8억 3,970만 달러에 이를 것으로 전망되고, 라틴 아메리카 지역은 2018년 2억 490만 달러에서 연평균 성장률 10.4%로 증가하여, 2023년에는 3억 3,620만 달러에 이를 것으로 전망된다. 마지막으로 중동&아프리카 지역은 2018년 6,680만 달러에서 연평균 성장률 9.6%로 증가하여, 2023년에는 1억 570만 달러에 이를 것으로 전망된다.

다) 반려동물 진단시장[25)

 전 세계 반려동물 진단 시장은 2020년 18억 4,920만 달러에서 연평균 성장률 9.8%로 증가하여, 2025년에는 29억 5,230만 달러에 이를 것으로 전망된다.

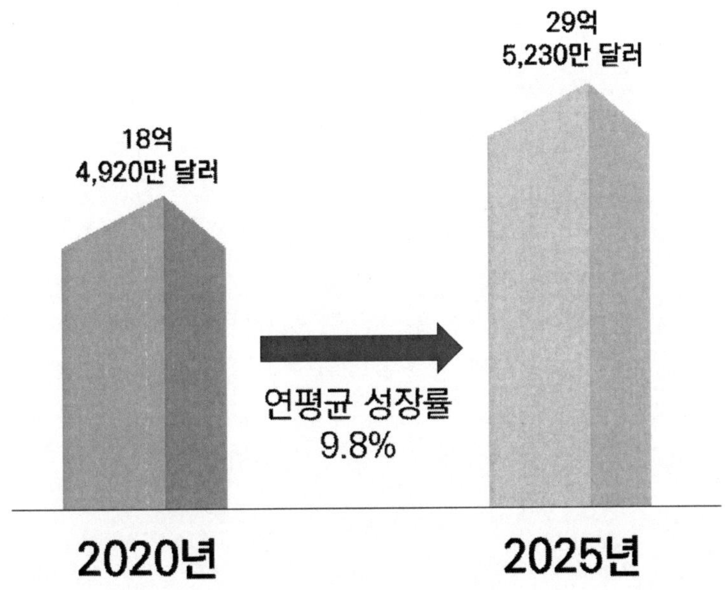

[그림 34] 글로벌 반려동물 진단 시장 규모 및 전망

(1) 세부항목별 시장 규모

 전 세계 반려동물 진단 시장은 기술에 따라 면역진단, 임상 생화학, 혈액학, 요검사, 분자진단, 기타 기술로 분류할 수 있다. 면역진단은 2020년 7억 2,830만 달러에서 연평균 성장률 9.1%로 증가하여, 2025년에는 11억 2,430만 달러에 이를 것으로 전망되며, 임상 생화학은 2020년 6억 7,760만 달러에서 연평균 성장률 10.7%로 증가하여, 2025년에는 11억 2,390만 달러에 이를 것으로 전망된다.

 혈액학은 2020년 1억 6,820만 달러에서 연평균 성장률 8.5%로 증가하여, 2025년에는 2억 5,350만 달러에 이를 것으로 전망되며, 요검사는 2020년 1억 5,330만 달러에서 연평균 성장률 9.9%로 증가하여, 2025년에는 2억 4,590만 달러에 이를 것으로 전망된다. 분자진단은 2020년 9,150만 달러에서 연평균 성장률 11.3%로 증가하여, 2025년에는 1억 5,620만 달러에 이를 것으로 전망되고, 마지막으로 기타 기술은 2020년 3,030만 달러에서 연평균 성장률 9.8%로 증가하여, 2025년에는 4,850만 달러에 이를 것으로 전망된다.

---

25) 반려동물 진단 시장/글로벌 시장동향보고서

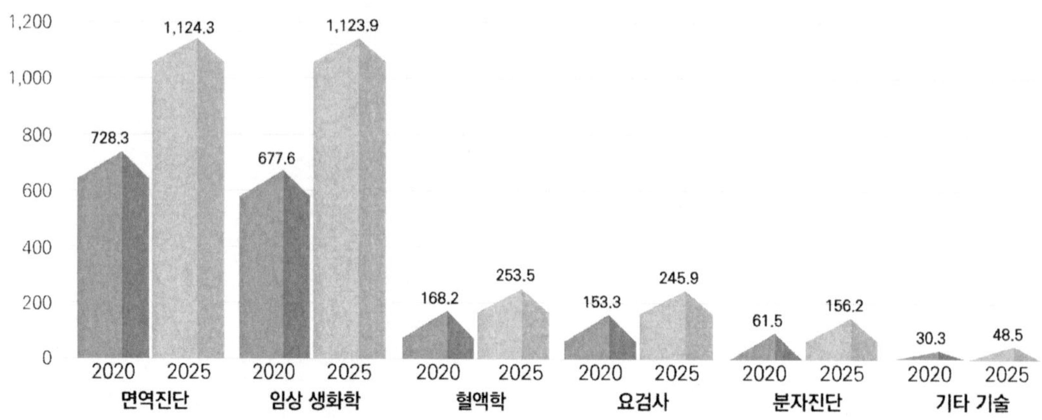

[그림 35] 글로벌 반려동물 진단 시장의 기술별 시장 규모 및 전망 (단위: 백만 달러)

전 세계 반려동물 진단 시장은 용도에 따라 임상 병리용, 세균용, 바이러스용, 기생충용, 기타용으로 분류할 수 있다. 임상 병리용은 2020년 7억 5,690만 달러에서 연평균 성장률 11.3%로 증가하여, 2025년에는 12억 9,170만 달러에 이를 것으로 전망되며, 세균용은 2020년 3억 5,670만 달러에서 연평균 성장률 9.2%로 증가하여, 2025년에는 5억 5,320만 달러에 이를 것으로 전망된다.

바이러스용은 2020년 3억 950만 달러에서 연평균 성장률 8.7%로 증가하여, 2025년에는 4억 6,910만 달러에 이를 것으로 전망되며, 기생충용은 2020년 2억 7,600만 달러에서 연평균 성장률 9.6%로 증가하여, 2025년에는 4억 3,600만 달러에 이를 것으로 전망된다. 마지막으로 기타용은 2020년 1억 5,020만 달러에서 연평균 성장률 6.1%로 증가하여, 2025년에는 2억 230만 달러에 이를 것으로 전망된다.

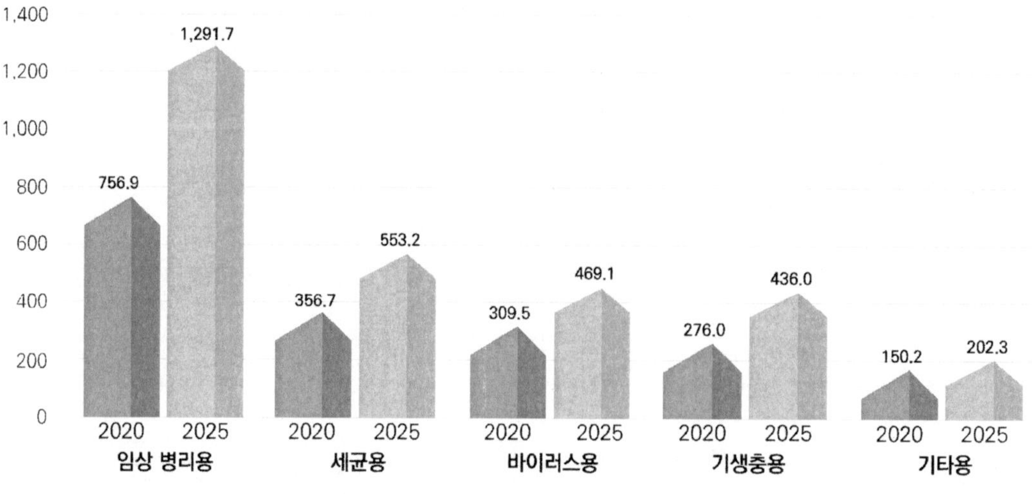

[그림 36] 글로벌 반려동물 진단 시장의 용도별 시장 규모 및 전망 (단위: 백만 달러)

전 세계 반려동물 진단 시장은 동물 종류에 따라 강아지, 고양이, 말, 기타 동물로 분류할 수 있다. 강아지는 2020년 10억 5,590만 달러에서 연평균 성장률 10.7%로 증가하여, 2025년에는 17억 5,330만 달러에 이를 것으로 전망되며, 고양이는 2020년 5억 9,490만 달러에서 연평균 성장률 9.2%로 증가하여, 2025년에는 9억 2,520만 달러에 이를 것으로 전망된다. 말은 2020년 1억 3,660만 달러에서 연평균 성장률 6.9%로 증가하여, 2025년에는 1억 9,060만 달러에 이를 것으로 전망되고, 마지막으로 기타 동물은 2020년 6,180만 달러에서 연평균 성장률 6.2%로 증가하여, 2025년에는 8,330만 달러에 이를 것으로 전망된다.

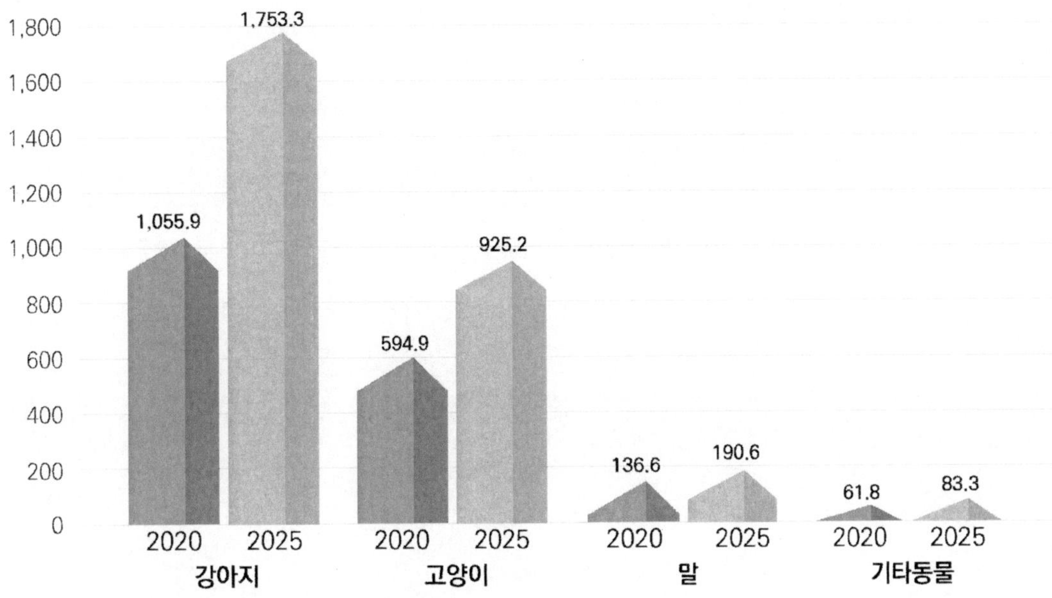

[그림 37] 글로벌 반려동물 진단 시장의 동물 종류별 시장 규모 및 전망 (단위: 백만 달러)

전 세계 반려동물 진단 시장은 최종사용자에 따라 진단 연구실, 수의 병원 및 클리닉, 연구기관 및 대학, 홈케어로 분류할 수 있다. 진단 연구실은 2020년 10억 7,850만 달러에서 연평균 성장률 10.5%로 증가하여, 2025년에는 17억 7,300만 달러에 이를 것으로 전망되며, 수의 병원 및 클리닉은 2020년 5억 5,130만 달러에서 연평균 성장률 8.9%로 증가하여, 2025년에는 8억 4,330만 달러에 이를 것으로 전망된다.

연구기관 및 대학은 2020년 1억 5,690만 달러에서 연평균 성장률 7.3%로 증가하여, 2025년에는 2억 2,310만 달러에 이를 것으로 전망되며, 홈케어는 2020년 6,260만 달러에서 연평균 성장률 12.5%로 증가하여, 2025년에는 1억 1,290만 달러에 이를 것으로 전망된다.

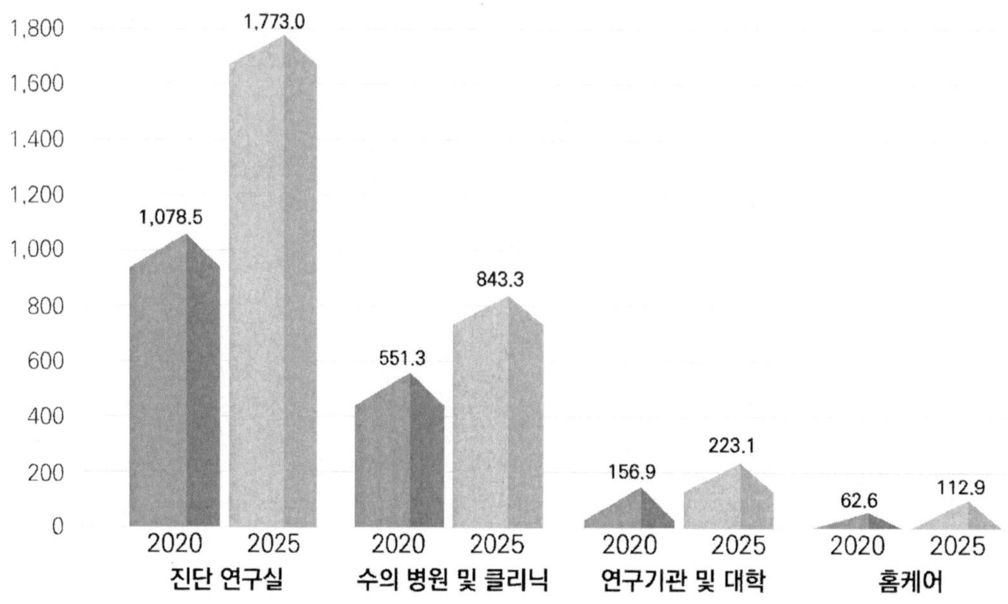

[그림 38] 글로벌 반려동물 진단 시장의 최종사용자별 시장 규모 및 전망 (단위: 백만 달러)

전 세계 동물 건강진단 시장은 유형에 따라 가축과 반려동물로 분류할 수 있다. 가축은 2019년 17억 달러에서 연평균 성장률 9.37%로 증가하여, 2024년에는 26억 6,000만 달러에 이를 것으로 전망되며, 반려동물은 2019년 12억 달러에서 연평균 성장률 9.97%로 증가하여, 2024년에는 19억 3,000만 달러에 이를 것으로 전망된다.

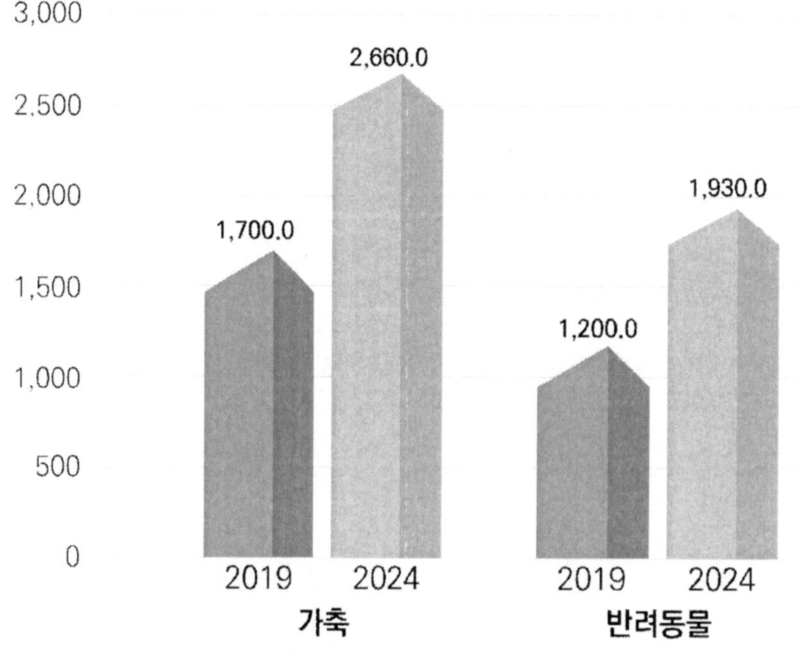

[그림 39] 글로벌 동물 건강진단 시장의 유형별 시장 규모 및 전망
(단위: 백만 달러)

(2) 지역별 시장 규모

전 세계 반려동물 진단 시장을 지역별로 살펴보면, 2018년을 기준으로 북아메리카 지역이 44.9%로 가장 높은 점유율을 나타냈다. 북아메리카 지역은 2020년 8억 2,410만 달러에서 연평균 성장률 9.0%로 증가하여, 2025년에는 12억 7,020만 달러에 이를 것으로 전망되며, 유럽 지역은 2020년 4억 9,590만 달러에서 연평균 성장률 9.4%로 증가하여, 2025년에는 7억 7,640만 달러에 이를 것으로 전망된다.

아시아-태평양 지역은 2020년 3억 3,970만 달러에서 연평균 성장률 11.5%로 증가하여, 2025년에는 5억 8,610만 달러에 이를 것으로 전망되며, 라틴 아메리카 지역은 2020년 1억 4,220만 달러에서 연평균 성장률 11.0%로 증가하여, 2025년에는 2억 4,010만 달러에 이를 것으로 전망된다. 아프리카 지역은 2020년 3,340만 달러에서 연평균 성장률 10.9%로 증가하여, 2025년에는 5,600만 달러에 이를 것으로 전망되고, 마지막으로 중동 지역은 2020년 1,390만 달러에서 연평균 성장률 11.0%로 증가하여, 2025년에는 2,350만 달러에 이를 것으로 전망된다.

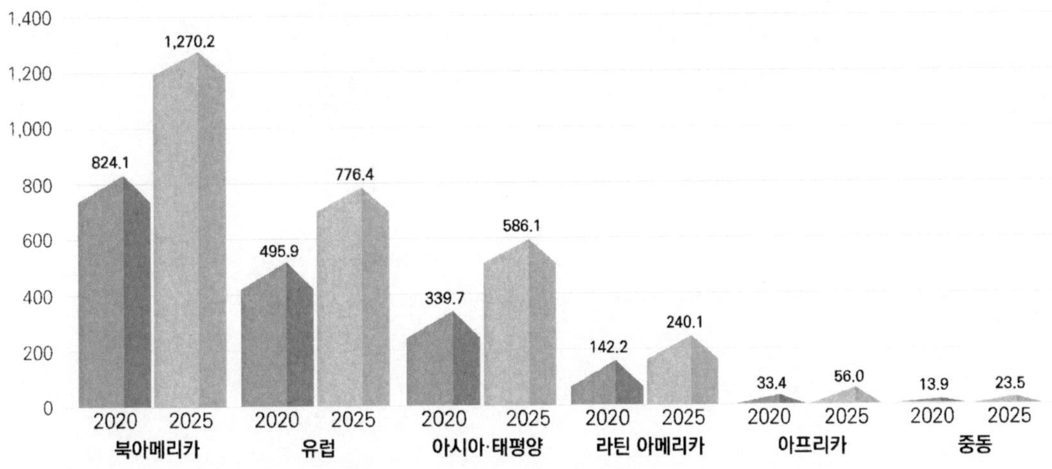

[그림 40] 글로벌 반려동물 진단 시장의 지역별 시장 규모 및 전망 (단위: 백만 달러)

라) 수의용 현장 진단(PoC) 시장[26)]

 전 세계 수의용 현장 진단(PoC) 시장은 2019년 14억 2,500만 달러에서 연평균 성장률 8.9%
로 증가하여, 2025년에는 23억 7,090만 달러에 이를 것으로 전망된다.

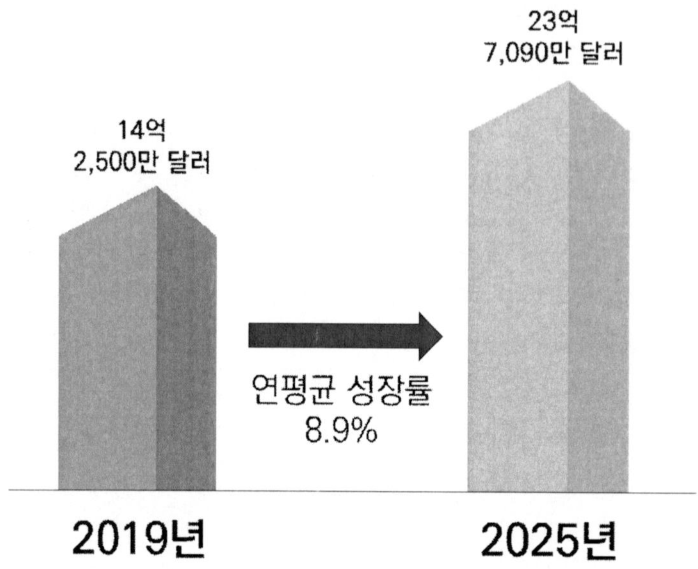

[그림 41] 글로벌 수의용 현장 진단(PoC) 시장 규모 및 전망

 전 세계 수의용 진단기기 시장은 2019년 16억 1,748만 달러에서 연평균 성장률 8.51%로 증
가하여, 2024년에는 24억 3,276만 달러에 이를 것으로 전망된다.

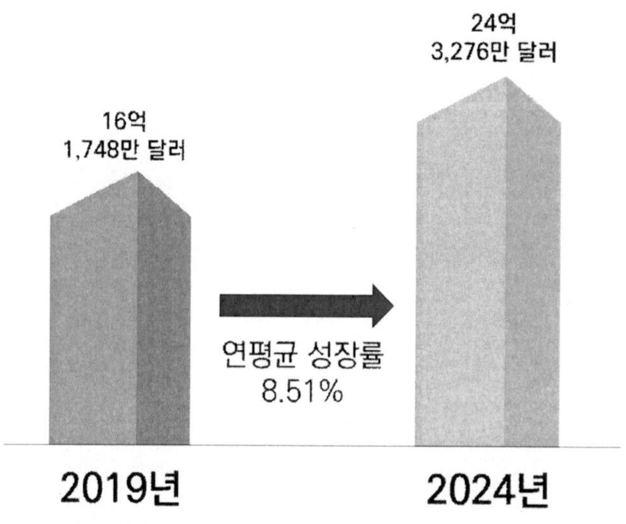

[그림 42] 글로벌 수의용 진단기기 시장 규모 및 전망

---

26) 수의용 현장 진단 (PoC) 시장, 글로벌 시장동향보고서, 연구개발특구진흥재단

(1) 세부항목별 시장 규모

 전 세계 수의용 현장 진단(PoC) 시장은 제품에 따라 소모품, 기기로 분류할 수 있다. 소모품
은 2019년 8억 9,850만 달러에서 연평균 성장률 9.7%로 증가하여, 2025년에는 15억 6,320
만 달러에 이를 것으로 전망된다. 기기는 2019년 5억 2,650만 달러에서 연평균 성장률 7.4%
로 증가하여, 2025년에는 8억 770만 달러에 이를 것으로 전망된다.

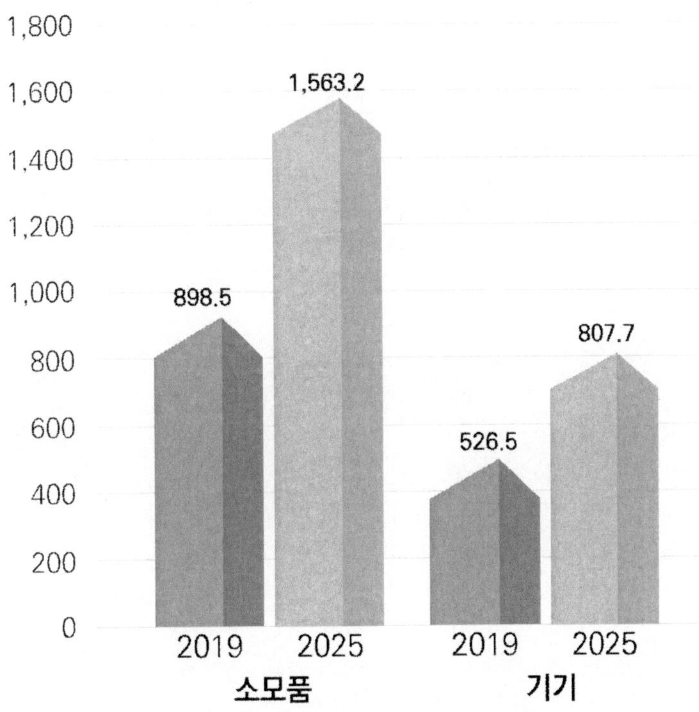

[그림 43] 글로벌 수의용 현장 진단(PoC) 시장의
제품별 시장 규모 및 전망 (단위: 백만 달러)

 전 세계 수의용 현장 진단(PoC) 시장은 소모품 종류에 따라 키트 및 시약, 영상 시스템 시약
으로 분류할 수 있다. 키트 및 시약은 2019년 7억 4,140만 달러에서 연평균 성장률 9.9%로
증가하여, 2025년에는 13억 940만 달러에 이를 것으로 전망되며, 영상 시스템 시약은 2019년
1억 5,710만 달러에서 연평균 성장률 8.3%로 증가하여, 2025년에는 2억 5,380만 달러에 이
를 것으로 전망된다.

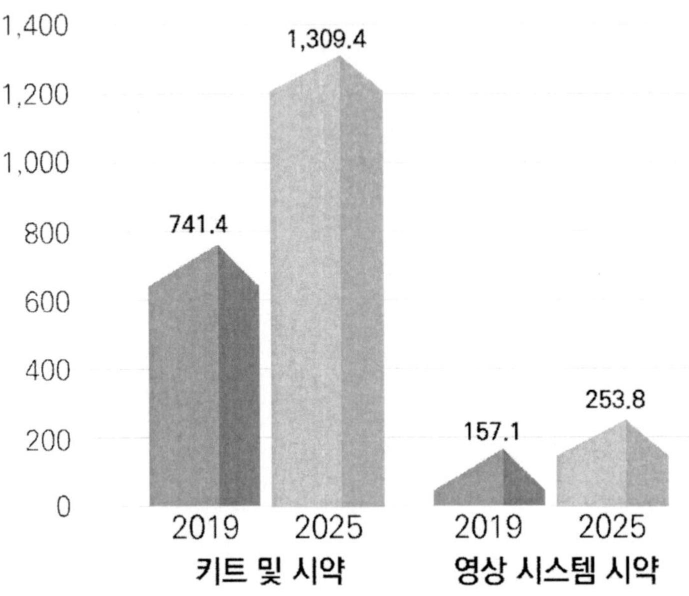

[그림 44] 글로벌 수의용 현장 진단(PoC) 시장의 소모품 종류별
시장 규모 및 전망 (단위: 백만 달러)

 전 세계 수의용 현장 진단(PoC) 시장은 기기 종류에 따라 영상 시스템, 분석기로 분류할 수 있다. 영상 시스템은 2019년 3억 6,600만 달러에서 연평균 성장률 7.3%로 증가하여, 2025년에는 5억 5,970만 달러에 이를 것으로 전망되며, 분석기는 2019년 1억 6,050만 달러에서 연평균 성장률 7.5%로 증가하여, 2025년에는 2억 4,800만 달러에 이를 것으로 전망된다.

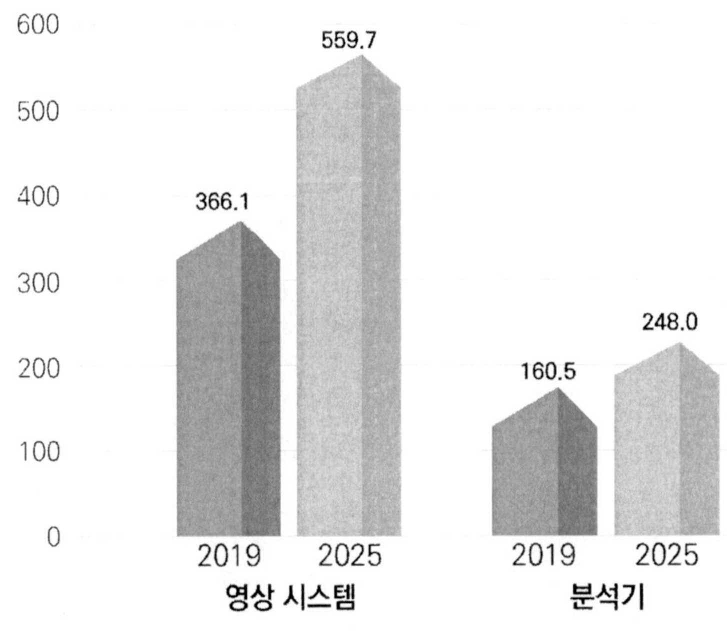

[그림 45] 글로벌 수의용 현장 진단(PoC) 시장의 기기 종류별 시장 규모 및 전망
(단위: 백만 달러)

전 세계 수의용 현장 진단(PoC) 시장은 키트 및 분석기 기술에 따라 임상 생화학, 면역진단, 혈액학, 요검사, 분자진단, 기타 기술로 분류할 수 있다. 임상 생화학은 2019년 3억 4,660만 달러에서 연평균 성장률 9.3%로 증가하여, 2025년에는 5억 9,100만 달러에 이를 것으로 전망되며, 면역진단은 2019년 3억 2,030만 달러에서 연평균 성장률 10.5%로 증가하여, 2025년에는 5억 8,200만 달러에 이를 것으로 전망된다.

혈액학은 2019년 1억 1,630만 달러에서 연평균 성장률 7.5%로 증가하여, 2025년에는 1억 8,000만 달러에 이를 것으로 전망되고, 요검사는 2019년 8,250만 달러에서 연평균 성장률 9.4%로 증가하여, 2025년에는 1억 4,160만 달러에 이를 것으로 전망된다. 분자진단은 2019년 2,270만 달러에서 연평균 성장률 10.1%로 증가하여, 2025년에는 4,030만 달러에 이를 것으로 전망되며, 마지막으로 기타 기술은 2019년 1,350만 달러에서 연평균 성장률 8.9%로 증가하여, 2025년에는 2,250만 달러에 이를 것으로 전망된다.

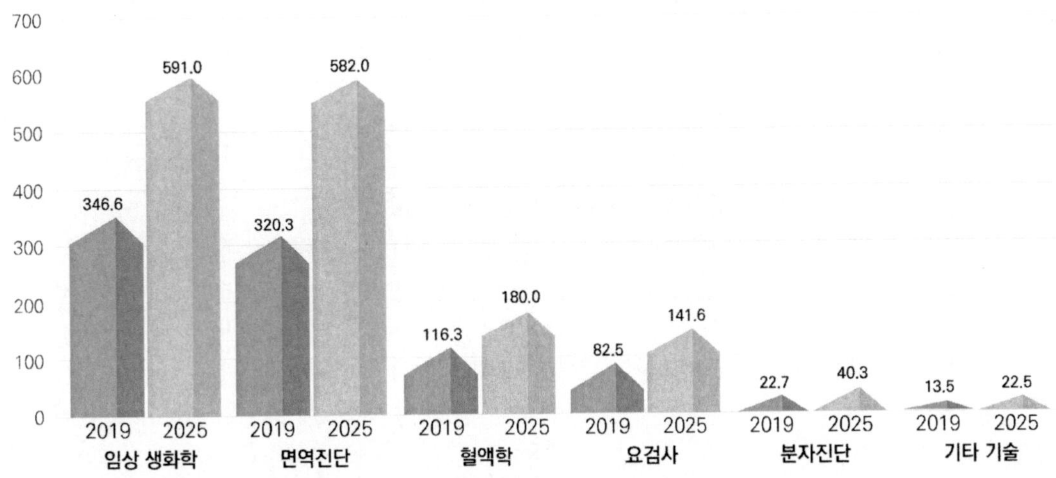

[그림 46] 글로벌 수의용 현장 진단(PoC) 시장의 키트 및 분석기 기술별 시장 규모 및 전망
(단위: 백만 달러)

전 세계 수의용 현장 진단(PoC) 시장은 키트 및 분석기 용도에 따라 임상 병리용, 세균용, 바이러스용, 기생충용, 기타용으로 분류할 수 있다. 임상 병리용은 2019년 3억 420만 달러에서 연평균 성장률 11.3%로 증가하여, 2025년에는 5억 7,880만 달러에 이를 것으로 전망되며, 세균용은 2019년 1억 8,890만 달러에서 연평균 성장률 9.3%로 증가하여, 2025년에는 3억 2,280만 달러에 이를 것으로 전망된다.

바이러스용은 2019년 1억 3,280만 달러에서 연평균 성장률 8.9%로 증가하여, 2025년에는 2억 2,120만 달러에 이를 것으로 전망되며, 기생충용은 2019년 1억 1,270만 달러에서 연평균 성장률 9.7%로 증가하여, 2025년에는 1억 9,670만 달러에 이를 것으로 전망된다. 마지막으로 기타용은 2019년 1억 6,320만 달러에서 연평균 성장률 6.5%로 증가하여, 2025년에는 2억 3,790만 달러에 이를 것으로 전망된다.

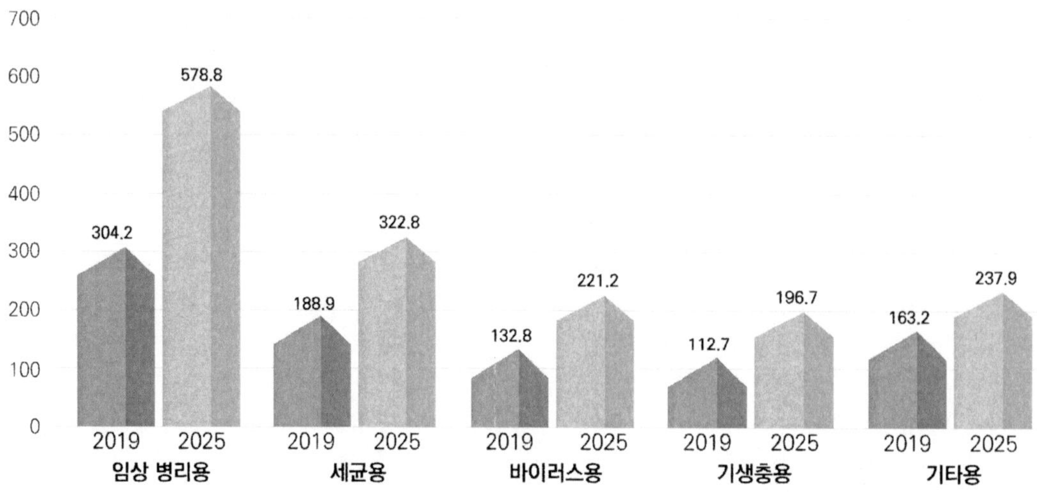

[그림 47] 글로벌 수의용 현장 진단(PoC) 시장의 키트 및 분석기 용도별 시장 규모 및 전망
(단위: 백만 달러)

전 세계 수의용 현장 진단(PoC) 시장은 영상 시스템 용도에 따라 정형외과 및 외상용, 부인과용, 종양용, 순환기용, 신경용, 기타용으로 분류할 수 있다. 정형외과 및 외상용은 2019년 1억 9,470만 달러에서 연평균 성장률 8.9%로 증가하여, 2025년에는 3억 2,480만 달러에 이를 것으로 전망되며, 부인과용은 2019년 1억 5,250만 달러에서 연평균 성장률 6.6%로 증가하여, 2025년에는 2억 2,380만 달러에 이를 것으로 전망된다. 종양용은 2019년 4,400만 달러에서 연평균 성장률 9.7%로 증가하여, 2025년에는 7,660만 달러에 이를 것으로 전망되며, 순환기용은 2019년 3,890만 달러에서 연평균 성장률 5.8%로 증가하여, 2025년에는 5,470만 달러에 이를 것으로 전망된다. 신경용은 2019년 2,880만 달러에서 연평균 성장률 7.9%로 증가하여, 2025년에는 4,550만 달러에 이를 것으로 전망되고, 마지막으로 기타용은 2019년 6,410만 달러에서 연평균 성장률 5.4%로 증가하여, 2025년에는 8,810만 달러에 이를 것으로 전망된다.

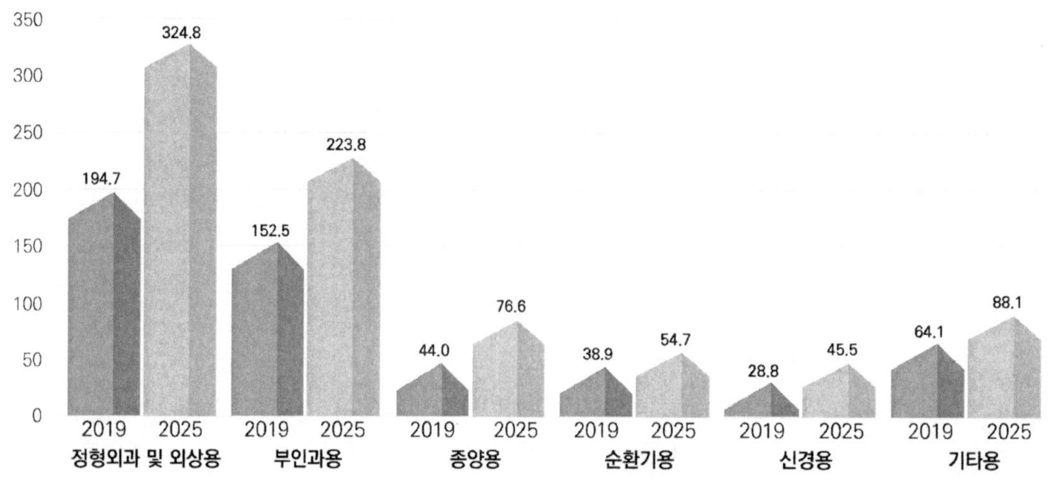

[그림 48] 글로벌 수의용 현장 진단(PoC) 시장의 영상 시스템 용도별 시장 규모 및 전망
(단위: 백만 달러)

전 세계 수의용 현장 진단(PoC) 시장은 최종사용자에 따라 진단 클리닉, 수의 병원 및 연구 기관, 홈케어로 분류할 수 있다. 진단 클리닉은 2019년 8억 6,000만 달러에서 연평균 성장률 9.5%로 증가하여, 2025년에는 14억 8,000만 달러에 이를 것으로 전망되며, 수의 병원 및 연 구기관은 2019년 3억 5,530만 달러에서 연평균 성장률 8.6%로 증가하여, 2025년에는 5억 8,140만 달러에 이를 것으로 전망된다. 마지막으로 홈케어는 2019년 2억 960만 달러에서 연 평균 성장률 6.7%로 증가하여, 2025년에는 3억 960만 달러에 이를 것으로 전망된다.

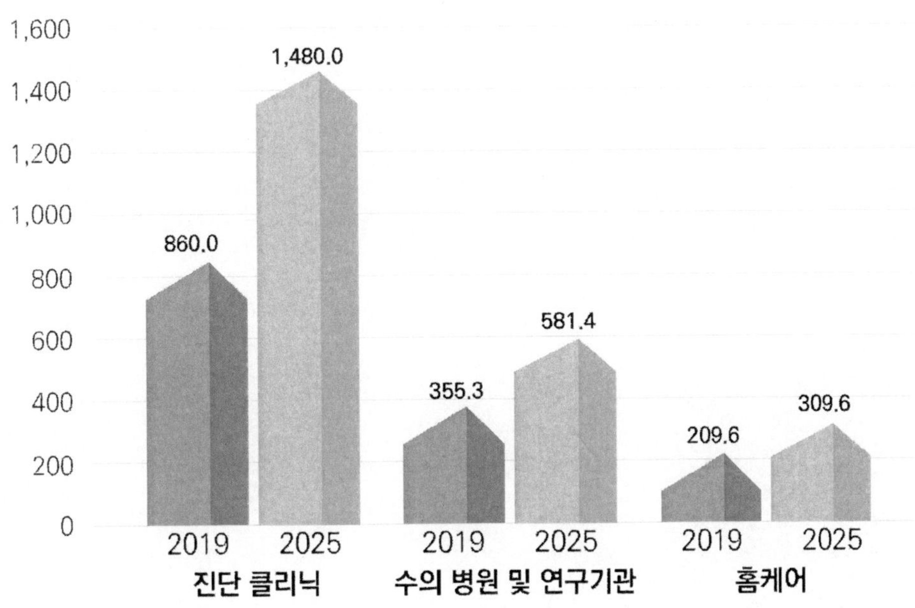

[그림 49] 글로벌 수의용 현장 진단(PoC) 시장의 최종사용자별 시장 규모 및 전망
(단위: 백만 달러)

(2) 지역별 시장 규모

 전 세계 수의용 현장 진단(PoC) 시장을 지역별로 살펴보면, 2018년을 기준으로 북아메리카 지역이 45.4%로 가장 높은 점유율을 나타냈다. 북아메리카 지역은 2019년 6억 4,230만 달러에서 연평균 성장률 7.9%로 증가하여, 2025년에는 10억 1,460만 달러에 이를 것으로 전망된다.

 유럽 지역은 2019년 4억 6,670만 달러에서 연평균 성장률 8.2%로 증가하여, 2025년에는 7억 5,070만 달러에 이를 것으로 전망되며, 아시아-태평양 지역은 2019년 2억 210만 달러에서 연평균 성장률 12.0%로 증가하여, 2025년에는 3억 9,780만 달러에 이를 것으로 전망된다. 다음으로 라틴 아메리카 지역은 2019년 7,300만 달러에서 연평균 성장률 10.8%로 증가하여, 2025년에는 1억 3,530만 달러에 이를 것으로 전망되고, 마지막으로 중동 및 아프리카 지역은 2019년 4,100만 달러에서 연평균 성장률 10.0%로 증가하여, 2025년에는 7,240만 달러에 이를 것으로 전망된다.

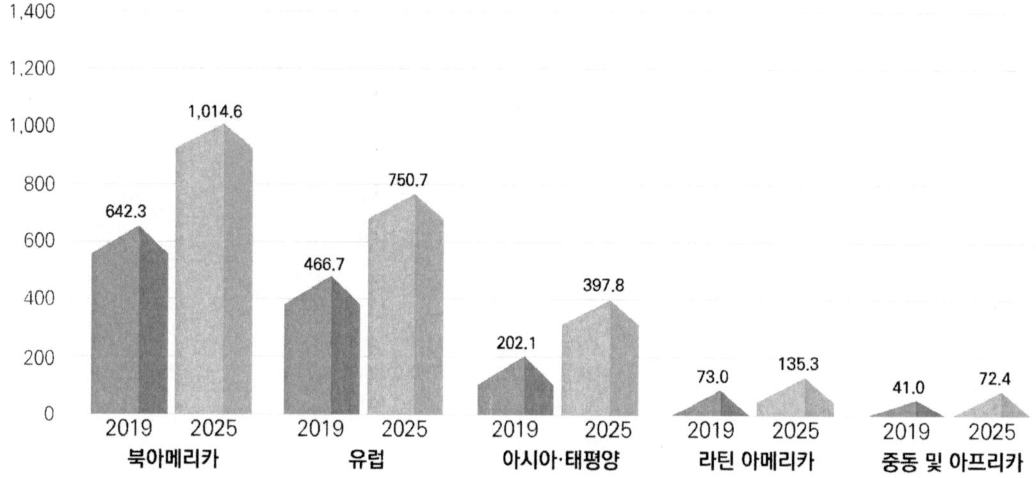

[그림 50] 글로벌 수의용 현장 진단(PoC) 시장의 지역별 시장 규모 및 전망
(단위: 백만 달러)

3) 성장 촉진제 및 증강제 시장[27]

전 세계 동물용 성장 촉진제 및 증강제 시장은 2019년 139억 1,000만 달러에서 연평균 성장률 5.9%로 증가하여, 2024년에는 185억 5,000만 달러에 이를 것으로 전망된다.

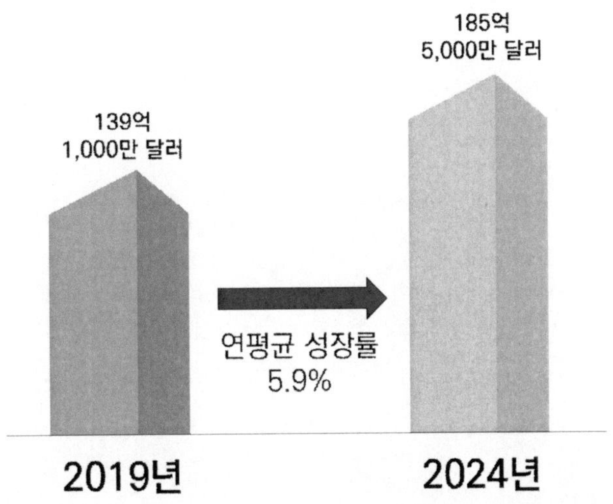

[그림 51] 글로벌 동물용 성장 촉진제 및 증강제
시장 규모 및 전망

전 세계 동물용 성장 촉진제 시장은 2019년 114억 8,000만 달러에서 연평균 성장률 6.23%로 증가하여, 2024년에는 155억 3,000만 달러에 이를 것으로 전망된다.

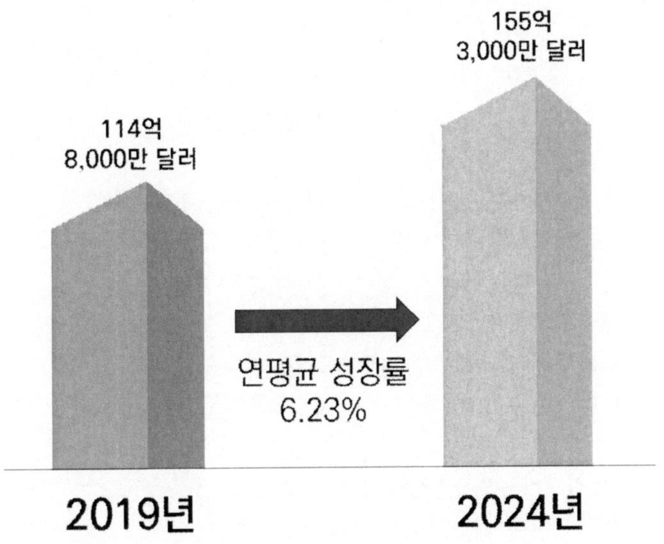

[그림 52] 글로벌 동물용 성장 촉진제 시장 규모 및 전망

---

27) 동물용 성장 촉진제 및 증강제 시장/연구개발특구진흥재단

가) 세부기술별 시장 규모

전 세계 동물용 성장 촉진제 및 증강제 시장은 종류에 따라 비항생물질 성장 촉진제 및 증강제, 항생물질 성장 촉진제 및 증강제로 분류할 수 있다. 비항생물질 성장 촉진제 및 증강제는 2019년 102억 9,530만 달러에서 연평균 성장률 7.8%로 증가하여, 2024년에는 149억 6,790만 달러에 이를 것으로 전망되며, 항생물질 성장 촉진제 및 증강제는 2019년 36억 1,730만 달러에서 연평균 성장률 0.2%로 감소하여, 2024년에는 35억 7,970만 달러에 이를 것으로 전망된다.

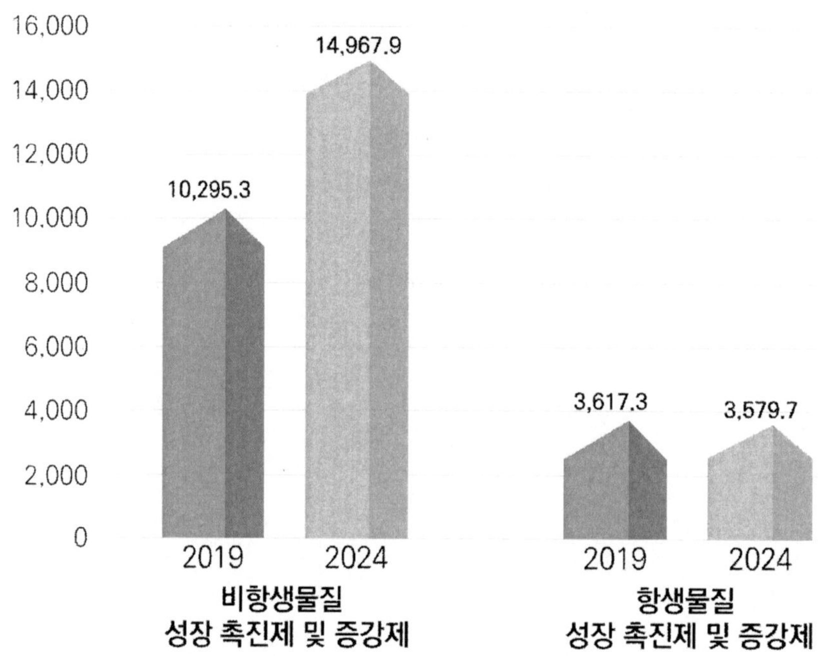

[그림 53] 글로벌 동물용 성장 촉진제 및 증강제 시장의 종류별 시장 규모 및 전망
(단위: 백만 달러)

전 세계 동물용 성장 촉진제 및 증강제 시장에서 비항생물질 성장 촉진제 및 증강제는 제품에 따라 프레바이오틱스 및 프로바이오틱스, 산성화제, 식물성 첨가물, 사료용 효소, 호르몬, 기타로 분류할 수 있다. 프레바이오틱스 및 프로바이오틱스는 2019년 33억 4,840만 달러에서 연평균 성장률 7.8%로 증가하여, 2024년에는 48억 8,290만 달러에 이를 것으로 전망되며, 산성화제는 2019년 30억 9,170만 달러에서 연평균 성장률 8.0%로 증가하여, 2024년에는 45억 4,870만 달러에 이를 것으로 전망된다. 식물성 첨가물은 2019년 15억 4,220만 달러에서 연평균 성장률 7.6%로 증가하여, 2024년에는 22억 2,550만 달러에 이를 것으로 전망되며, 사료용 효소는 2019년 13억 7,530만 달러에서 연평균 성장률 9.7%로 증가하여, 2024년에는 21억 8,600만 달러에 이를 것으로 전망된다. 다음으로 호르몬은 2019년 3억 4,950만 달러에서 연평균 성장률 0.4%로 증가하여, 2024년에는 3억 5,620만 달러에 이를 것으로 전망되고, 마지막으로 기타는 2019년 5억 8,820만 달러에서 연평균 성장률 5.5%로 증가하여, 2024년에는 7억 6,850만 달러에 이를 것으로 전망된다.

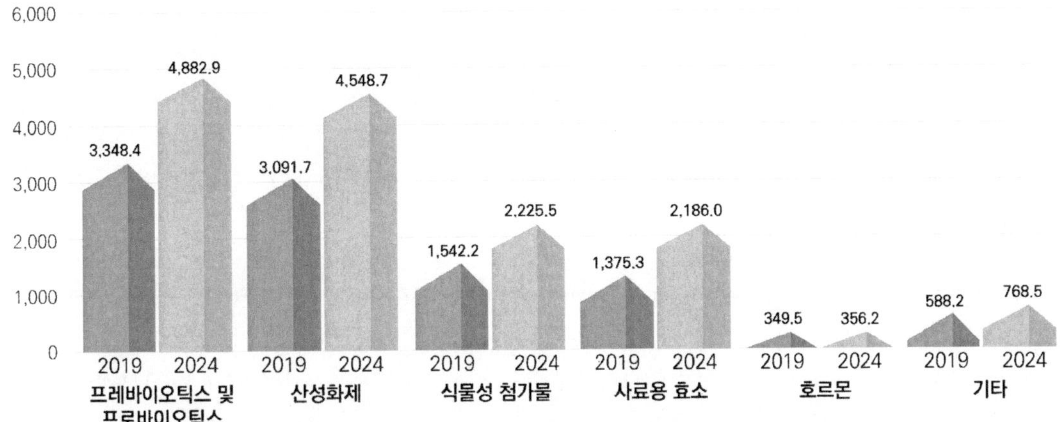

[그림 54] 글로벌 동물용 성장 촉진제 및 증강제 시장에서 비항생물질 성장 촉진제 및 증강제의 제품별 시장 규모 및 전망 (단위: 백만 달러)

전 세계 동물용 성장 촉진제 시장은 제품에 따라 항생제, 프레바이오틱스 및 프로바이오틱스, 사료 효소, 기타로 분류되며, 항생제는 2019년을 기준으로 57.40%의 점유율을 차지하였으며, 그 뒤를 프레바이오틱스 및 프로바이오틱스가 21.95%, 사료 효소가 15.24%, 기타가 5.40%로 뒤따르고 있다. 항생제는 2019년 65억 9,000만 달러에서 연평균 성장률 7.81%로 증가하여, 2024년에는 96억 달러에 이를 것으로 전망되며, 프레바이오틱스 및 프로바이오틱스는 2019년 25억 2,000만 달러에서 연평균 성장률 4.10%로 증가하여, 2024년에는 30억 8,000만 달러에 이를 것으로 전망된다. 사료 효소는 2019년 17억 5,000만 달러에서 연평균 성장률 4.11%로 증가하여, 2024년에는 21억 4,000만 달러에 이를 것으로 전망되고, 마지막으로 기타는 2019년 6억 2,000만 달러에서 연평균 성장률 2.75%로 증가하여, 2024년에는 7억 1,000만 달러에 이를 것으로 전망된다.

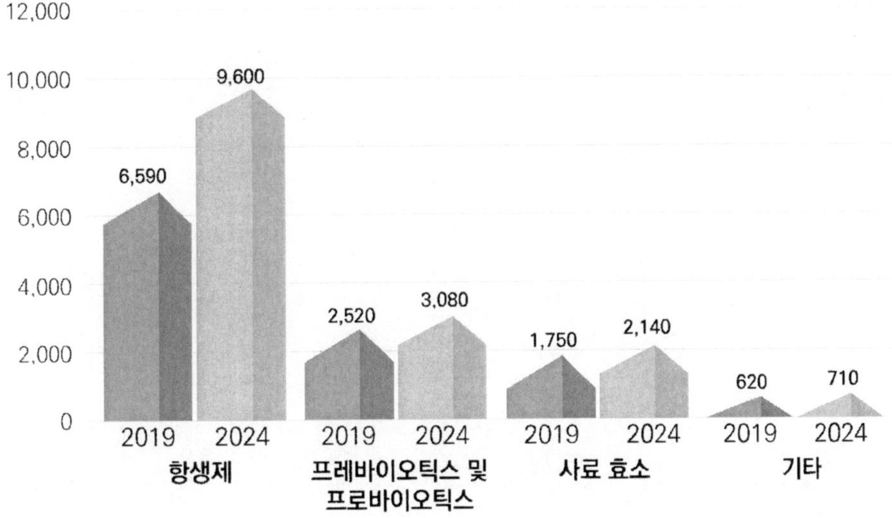

[그림 55] 글로벌 동물용 성장 촉진제 시장의 제품별 시장 규모 및 전망 (단위: 백만 달러)

전 세계 동물용 성장 촉진제 및 증강제 시장은 동물종류에 따라 가금류, 돼지, 가축, 수생 동물, 기타로 분류할 수 있다. 가금류는 2019년 42억 3,480만 달러에서 연평균 성장률 6.3%로 증가하여, 2024년에는 57억 3,580만 달러에 이를 것으로 전망되며, 돼지는 2019년 31억 120만 달러에서 연평균 성장률 5.5%로 증가하여, 2024년에는 40억 5,400만 달러에 이를 것으로 전망된다.

가축은 2019년 41억 3,460만 달러에서 연평균 성장률 6.6%로 증가하여, 2024년에는 56억 7,970만 달러에 이를 것으로 전망되고, 수생 동물은 2019년 15억 1,920만 달러에서 연평균 성장률 5.7%로 증가하여, 2024년에는 20억 250만 달러에 이를 것으로 전망된다. 마지막으로 기타는 2019년 9억 2,280만 달러에서 연평균 성장률 3.1%로 증가하여, 2024년에는 10억 7,560만 달러에 이를 것으로 전망된다.

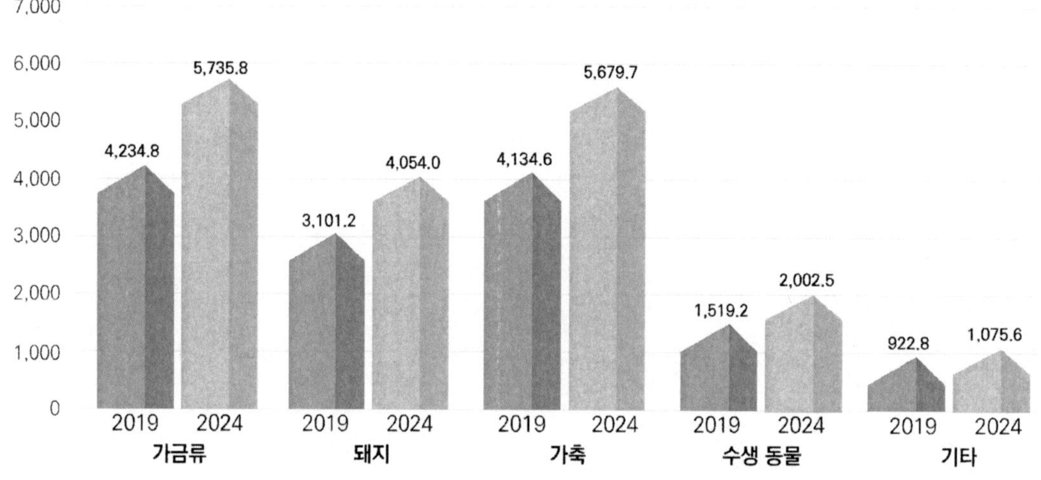

[그림 56] 글로벌 동물용 성장 촉진제 및 증강제 시장의
동물종류별 시장 규모 및 전망 (단위: 백만 달러)

나) 지역별 시장 규모

전 세계 동물용 성장 촉진제 및 증강제 시장을 지역별로 살펴보면, 2018년을 기준으로 아시아-태평양 지역이 36.7%로 가장 높은 점유율을 차지하였고, 북미 지역이 26.1%, 유럽 지역이 21.5%, 기타 지역이 15.6%로 나타났다. 아시아-태평양 지역은 2019년 51억 5,020만 달러에서 연평균 성장률 6.5%로 증가하여, 2024년에는 70억 6,290만 달러에 이를 것으로 전망된다. 북미 지역은 2019년 35억 9,830만 달러에서 연평균 성장률 5.2%로 증가하여, 2024년에는 46억 3,490만 달러에 이를 것으로 전망되며, 유럽 지역은 2019년 30억 1,780만 달러에서 연평균 성장률 6.8%로 증가하여, 2024년에는 41억 8,780만 달러에 이를 것으로 전망된다. 마지막으로 기타 지역은 2019년 21억 4,630만 달러에서 연평균 성장률 4.4%로 증가하여, 2024년에는 26억 6,200만 달러에 이를 것으로 전망된다.

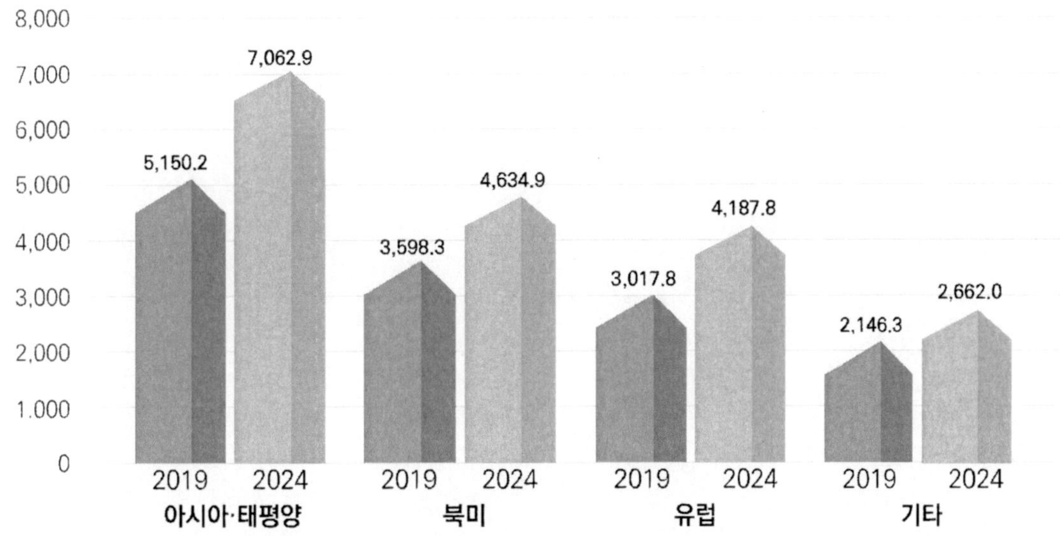

[그림 57] 글로벌 동물용 성장 촉진제 및 증강제 시장의 지역별 시장 규모 및 전망
(단위: 백만 달러)

전 세계 동물용 성장 촉진제 시장을 지역별로 살펴보면, 2019년을 기준으로 아시아-태평양 지역이 51.31%로 가장 높은 점유율을 차지하였고, 유럽 지역이 10.28%, 북미 지역이 26.31%, 남미 지역이 7.84%, 중동-아프리카 4.27%로 나타났다.

아시아-태평양 지역은 2019년 58억 9,000만 달러에서 연평균 성장률 6.76%로 증가하여, 2024년에는 81억 7,000만 달러에 이를 것으로 전망되며, 유럽 지역은 2019년 11억 8,000만 달러에서 연평균 성장률 4.92%로 증가하여, 2024년에는 15억 달러에 이를 것으로 전망된다. 다음으로 북미 지역은 2019년 30억 2,000만 달러에서 연평균 성장률 5.46%로 증가하여, 2024년에는 39억 4,000만 달러에 이를 것으로 전망되고, 남미 지역은 2019년 9억 달러에서 연평균 성장률 6.62%로 증가하여, 2024년에는 12억 4,000만 달러에 이를 것으로 전망된다. 마지막으로 중동-아프리카 지역은 2019년 4억 9,000만 달러에서 연평균 성장률 6.77%로 증가하여, 2024년에는 6억 8,000만 달러에 이를 것으로 전망된다.

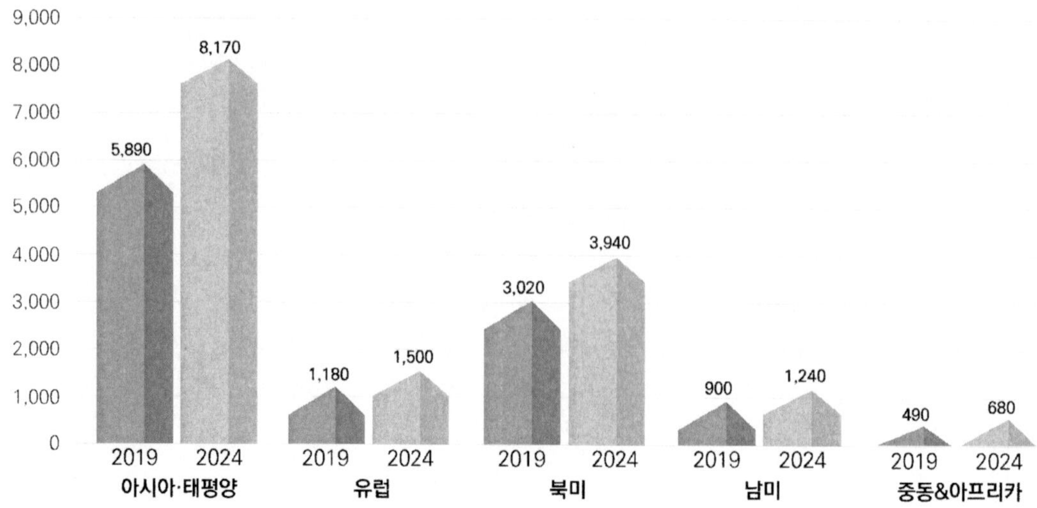

[그림 58] 글로벌 동물용 성장 촉진제 시장의 지역별 시장 규모 및 전망 (단위: 백만 달러)

4) 사료첨가물 시장[28)

 전 세계 사료첨가물 시장은 2018년 220억 5,150만 달러에서 연평균 성장률 5.11%로 증가하여, 2023년에는 282억 8,954만 달러에 이를 것으로 전망된다.

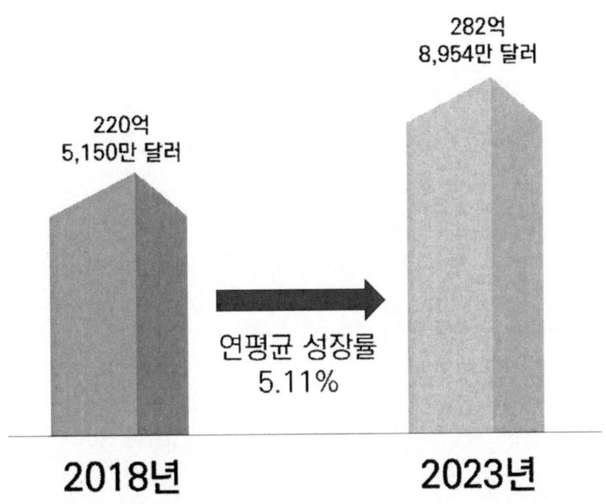

[그림 59] 글로벌 사료첨가물 시장 규모 및 전망

가) 세부기술별 시장 규모

 전 세계 사료첨가물 시장은 종류에 따라 아미노산, 미네랄, 산성화제, 프로바이오틱스, 마이코톡신 해독제, 인산염, 향료&감미료, 산화방지제, 효소, 항생제, 비타민, 보존료, 비단백질 질소, 카로티노이드, 식물성 사료첨가물로 분류할 수 있다. 아미노산은 2018년 84억 7,650만 달러에서 연평균 성장률 8.0%로 증가하여, 2023년에는 124억 5,460만 달러에 이를 것으로 전망되며, 미네랄은 2018년 58억 9,670만 달러에서 연평균 성장률 5.1%로 증가하여, 2023년에는 75억 5,810만 달러에 이를 것으로 전망된다.

 산성화제는 2018년 27억 3,150만 달러에서 연평균 성장률 5.1%로 증가하여, 2023년에는 34억 9,760만 달러에 이를 것으로 전망되고, 프로바이오틱스는 2018년 27억 3,150만 달러에서 연평균 성장률 8.0%로 증가하여, 2023년에는 39억 6,390만 달러에 이를 것으로 전망된다. 다음으로 마이코톡신 해독제는 2018년 24억 230만 달러에서 연평균 성장률 3.6%로 증가하여, 2023년에는 28억 6,380만 달러에 이를 것으로 전망되며, 인산염은 2018년 22억 4,990만 달러에서 연평균 성장률 3.7%로 증가하여, 2023년에는 26억 9,550만 달러에 이를 것으로 전망된다.
 향료&감미료는 2018년 12억 7,570만 달러에서 연평균 성장률 3.5%로 증가하여, 2023년에는 15억 1,310만 달러에 이를 것으로 전망되고, 산화방지제는 2018년 12억 4,020만 달러에서 연평균 성장률 5.0%로 증가하여, 2023년에는 15억 8,250만 달러에 이를 것으로 전망된다. 다

---

28) 사료첨가물 시장/연구개발특구진흥재단

음으로 효소는 2018년 11억 8,070만 달러에서 연평균 성장률 7.0%로 증가하여, 2023년에는 16억 5,600만 달러에 이를 것으로 전망되고, 항생제는 2018년 9억 9,080만 달러에서 연평균 성장률 3.2%로 증가하여, 2023년에는 11억 5,980만 달러에 이를 것으로 전망된다. 비타민은 2018년 10억 8,510만 달러에서 연평균 성장률 7.1%로 증가하여, 2023년에는 15억 2,900만 달러에 이를 것으로 전망되며, 보존료는 2018년 8억 750만 달러에서 연평균 성장률 8.9%로 증가하여, 2023년에는 12억 3,450만 달러에 이를 것으로 전망된다. 비단백질 질소는 2018년 7억 1,620만 달러에서 연평균 성장률 4.7%로 증가하여, 2023년에는 9억 140만 달러에 이를 것으로 전망되고, 카로티노이드는 2018년 5억 9,860만 달러에서 연평균 성장률 3.4%로 증가하여, 2023년에는 7억 890만 달러에 이를 것으로 전망된다. 마지막으로 식물성 사료첨가물은 2018년 6억 3,140만 달러에서 연평균 성장률 8.8%로 증가하여, 2023년에는 9억 6,250만 달러에 이를 것으로 전망된다.

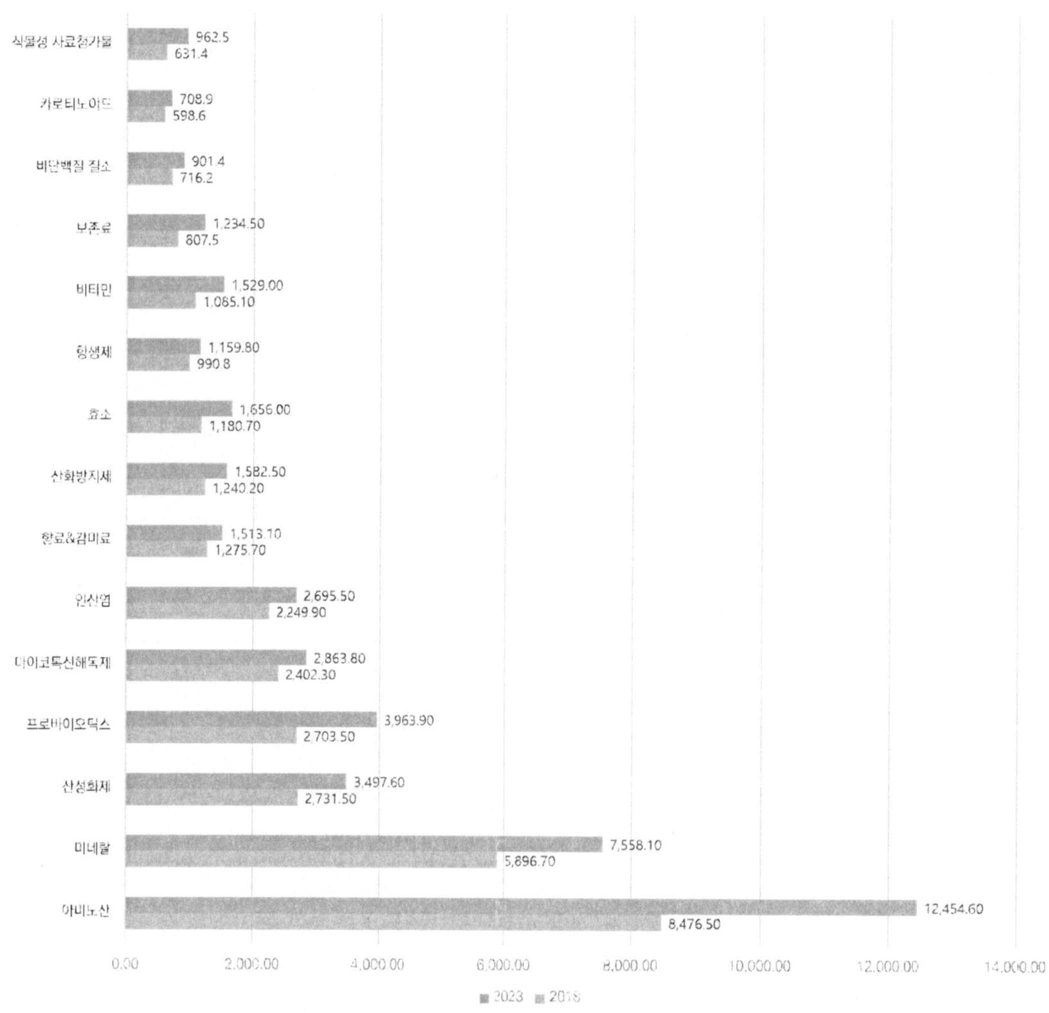

[그림 60] 글로벌 사료첨가물 시장의 종류별 시장 규모 및 전망 (단위: 백만 달러)

전 세계 사료첨가물 시장은 가축에 따라 가금류, 반추동물, 돼지, 수생 동물, 기타 가축으로 분류할 수 있다. 가금류는 2018년 144억 8,420만 달러에서 연평균 성장률 6.5%로 증가하여, 2023년에는 198억 6,790만 달러에 이를 것으로 전망되고, 반추동물은 2018년 83억 1,980만 달러에서 연평균 성장률 5.5%로 증가하여, 2023년에는 108억 8,870만 달러에 이를 것으로 전망된다.

돼지는 2018년 83억 1,810만 달러에서 연평균 성장률 6.1%로 증가하여, 2023년에는 111억 7,350만 달러에 이를 것으로 전망되고, 수생 동물은 2018년 8억 5,650만 달러에서 연평균 성장률 5.6%로 증가하여, 2023년에는 11억 2,370만 달러에 이를 것으로 전망된다. 마지막으로 기타 가축은 2018년 10억 800만 달러에서 연평균 성장률 4.0%로 증가하여, 2023년에는 12억 2,750만 달러에 이를 것으로 전망된다.

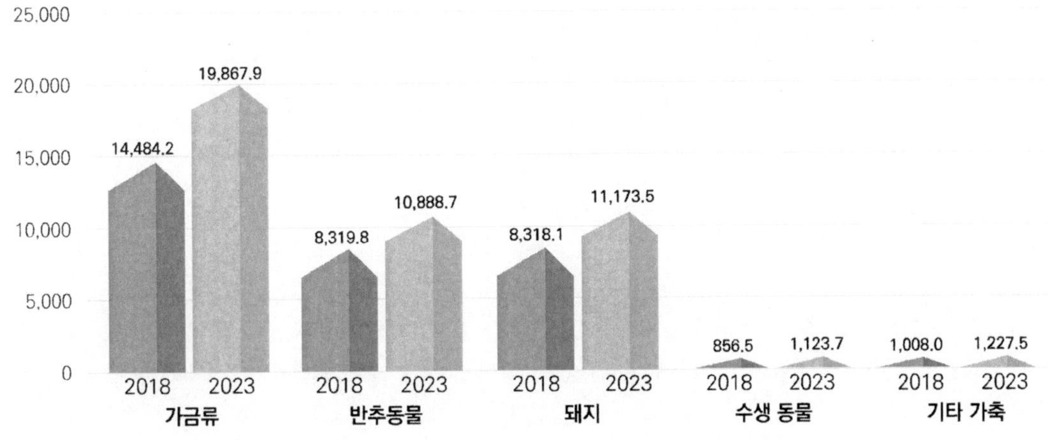

[그림 61] 글로벌 사료첨가물 시장의 가축별 시장 규모 및 전망 (단위: 백만 달러)

전 세계 사료첨가물 시장은 형태에 따라 고체 형태와 액체 형태로 분류할 수 있다. 고체 형태는 2018년 246억 390만 달러에서 연평균 성장률 6.3%로 증가하여, 2023년에는 333억 4,130만 달러에 이를 것으로 전망되고, 액체 형태는 2018년 83억 8,270만 달러에서 연평균 성장률 5.5%로 증가하여, 2023년에는 109억 4,000만 달러에 이를 것으로 전망된다.

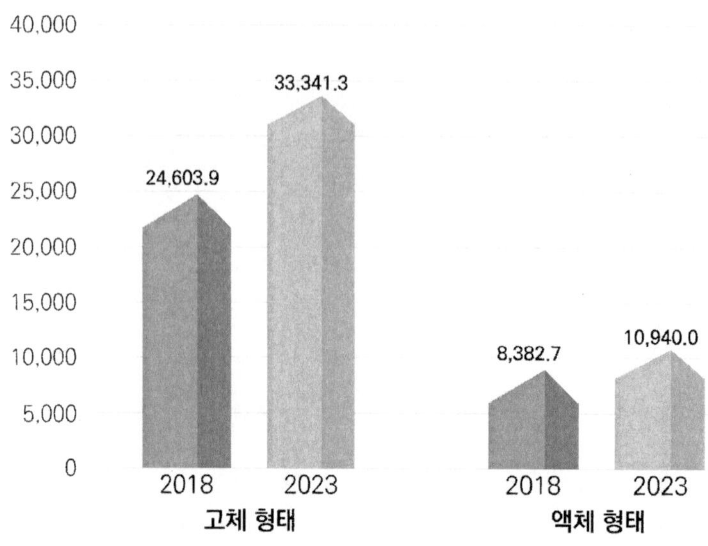

[그림 62] 글로벌 사료첨가물 시장의 형태별 시장 규모 및 전망
(단위: 백만 달러)

전 세계 사료첨가물 시장은 원료에 따라 합성 원료와 천연 원료로 분류할 수 있다. 합성 원료는 2018년 230억 3,870만 달러에서 연평균 성장률 6.2%로 증가하여, 2023년에는 311억 2,230만 달러에 이를 것으로 전망되고, 천연 원료는 2018년 99억 4,800만 달러에서 연평균 성장률 5.8%로 증가하여, 2023년에는 131억 5,900만 달러에 이를 것으로 전망된다.

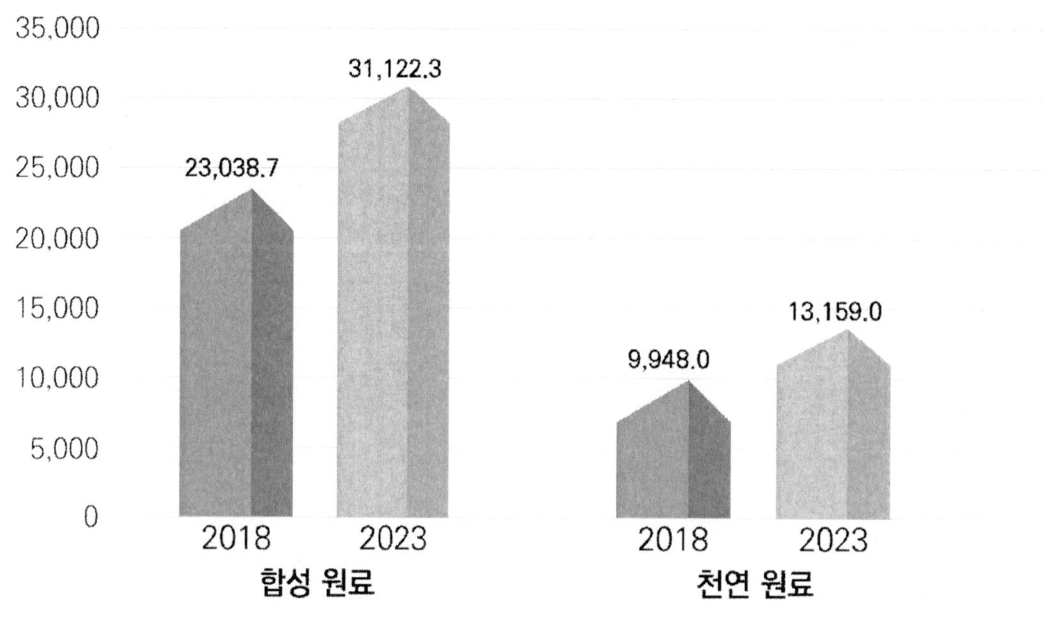

[그림 63] 글로벌 사료첨가물 시장의 원료별 시장 규모 및 전망
(단위: 백만 달러)

나) 지역별 시장 규모

전 세계 사료첨가물 시장을 지역별로 살펴보면, 2017년을 기준으로 아시아-태평양 지역이 35.5%로 가장 높은 점유율을 나타냈다.

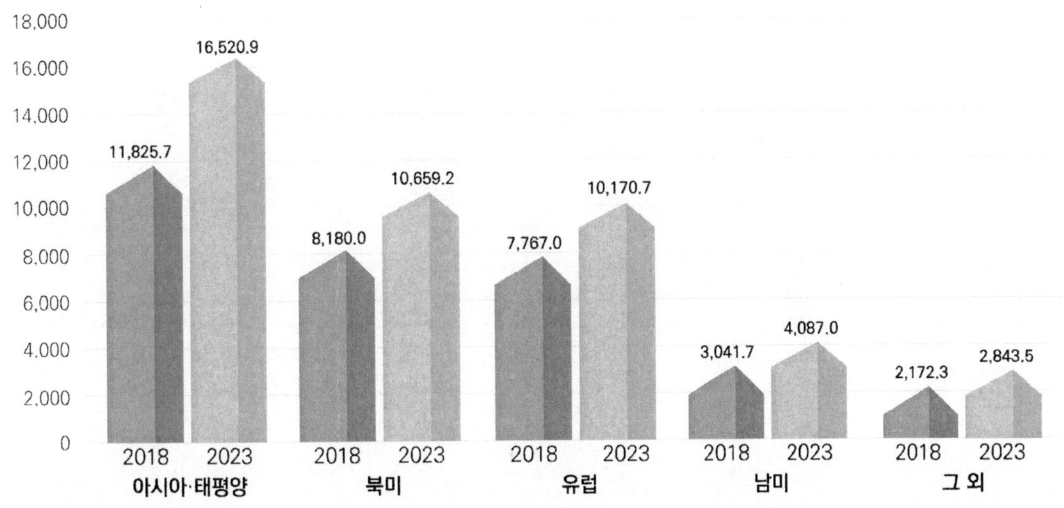

[그림 64] 글로벌 사료첨가물 시장의 지역별 시장 규모 및 전망 (단위: 백만 달러)

아시아-태평양 지역은 2018년 118억 2,570만 달러에서 연평균 성장률 6.9%로 증가하여, 2023년에는 165억 2,090만 달러에 이를 것으로 전망되며, 북미 지역은 2018년 81억 8,000만 달러에서 연평균 성장률 5.4%로 증가하여, 2023년에는 106억 5,920만 달러에 이를 것으로 전망된다.

유럽 지역은 2018년 77억 6,700만 달러에서 연평균 성장률 5.5%로 증가하여, 2023년에는 101억 7,070만 달러에 이를 것으로 전망되고, 남미 지역은 2018년 30억 4,170만 달러에서 연평균 성장률 6.0%로 증가하여, 2023년에는 40억 8,700만 달러에 이를 것으로 전망된다. 마지막으로 그 외 지역은 2018년 21억 7,230만 달러에서 연평균 성장률 5.5%로 증가하여, 2023년에는 28억 4,350만 달러에 이를 것으로 전망된다.

5) 동물용 의료기기[29)]

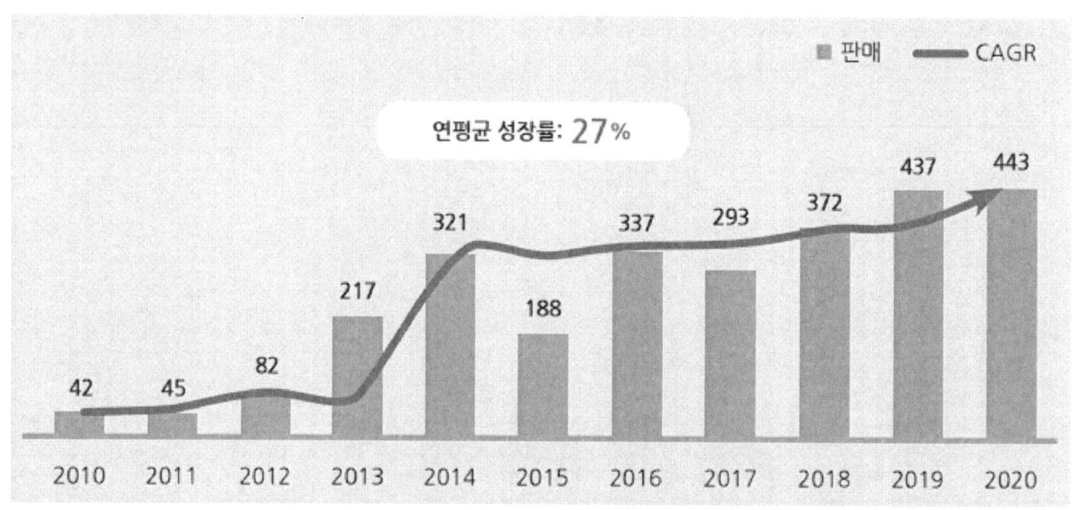

[그림 65] 국내 동물용 의료기기 시장 규모

동물용 의료기기 산업은 주로 다품목 소량 생산의 형태로 발전하여, 인체용 의료기기에 비해 성장이 쉽지 않았다. 그러나 첨단인체용 의료기기르 포함하여 다양한 종류의 의료기기들이 강아지, 고양이 등의 반려동물과 말, 소, 돼지 등을 포함한 가축, 야생동물의 질병 진단 및 치료에 활용되고 있다.

최근 MZ세대를 중심으로 반려동물을 가족처럼 여기는 펫팸(PET+FAMILY)족이 확산되며 반려동물 관련 시장의 트렌드로 빠르게 변화하고 있다. 반려동물의 헬스케어도 하나의 콘텐트로 자리 잡으며 반려동물관련 의료서비스의 질적 요구 수준이 높아졌고, 이에 전문화·고도화된 동물 진단 및 의료기기의 픽르요성과 활용도가 증가되고 있다.

국내 동물용 의료기기 및 소모품 시장은 2018년 16.3억 달러에서 2023년 24.01억 달러로 연평균 8% 성장할 것으로 예상되며, 북아메리카(42.8%)와 유럽(39.9%)이 세계 시장의 80% 이상을 차지하고 있다. 해당 시장의 성장은 반려동물 연관 시장의 발전과 동물 건강에 대한 지출 및 반려동물 보험에 대한 수요 증가로 볼 수 있다.

동물용 의료기기는 용도에 따라 중환자 치료 용품, 마취 장비, 유체 관리기기, 온도 관리기기, 환자 모니터링 장비, 연구용 장비, 구조 및 소생 장비로 구분할 수 있다. 중환자 치료 용품이 69.4%의 가장 큰 점유율을 차치했는데, 이는 동물의 질병 발생률이 증가함에 따라 모니터링과 치료에서 소모품 사용이 증가한 것으로 예측된다.

동물용 의료기기를 사용하는 동물의 유형별로 살펴보면, 강아지, 공야이 등의 소형 반려동물이 전체의 65%를 차지하고 있으며, 연평균 8.7%로 2018년 10.67억 달러에서 2023년 16.18

---

29) 동물용 의료기기 시장/한국과학기술정보연구원

억 달러가 될 것으로 예측된다. 이는 가족으로 여기는 강아지, 고양이 등 소형 반려동물들의 건강에 대한 지출이 증가하기 때문이다.

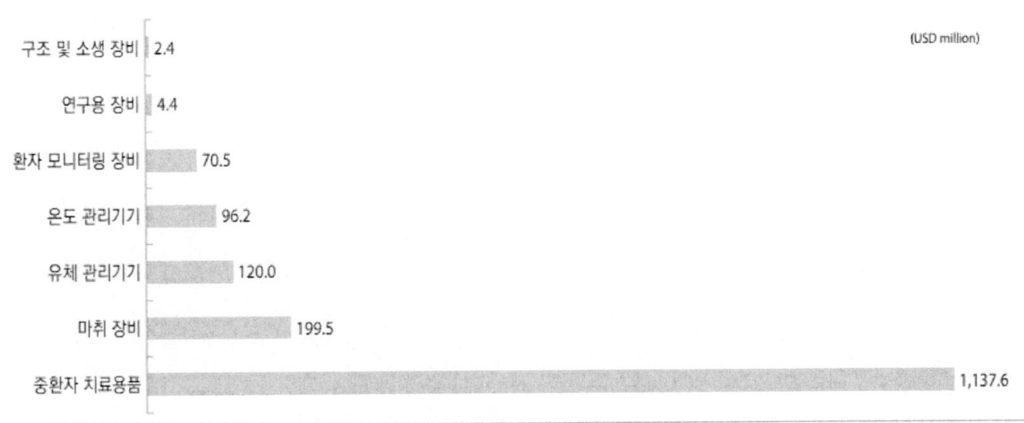

출처 : Veterinary equipment and disposables market(2018), marketsandmarkets에서 KISTI 재가공.

[그림 66] 용도에 따른 동물용 의료기기 및 소모품 시장 규모

동물 유형	2016년	2017년	2018년	2023년	CAGR(2018-2023)
소형 반려동물	902.6	981.2	1,066.5	1,618.1	8.7%
대형 동물	389.2	415.1	442.7	610.6	6.6%
기타	105.5	113.2	121.5	173	7.3%

출처 : Veterinary equipment and disposables market(2018), marketsandmarkets에서 KISTI 재가공.

[그림 67] 동물 유형별 동물용 의료기기 및 소모품 시장 규모 및 전망

05

동물용의약품 기업 동향

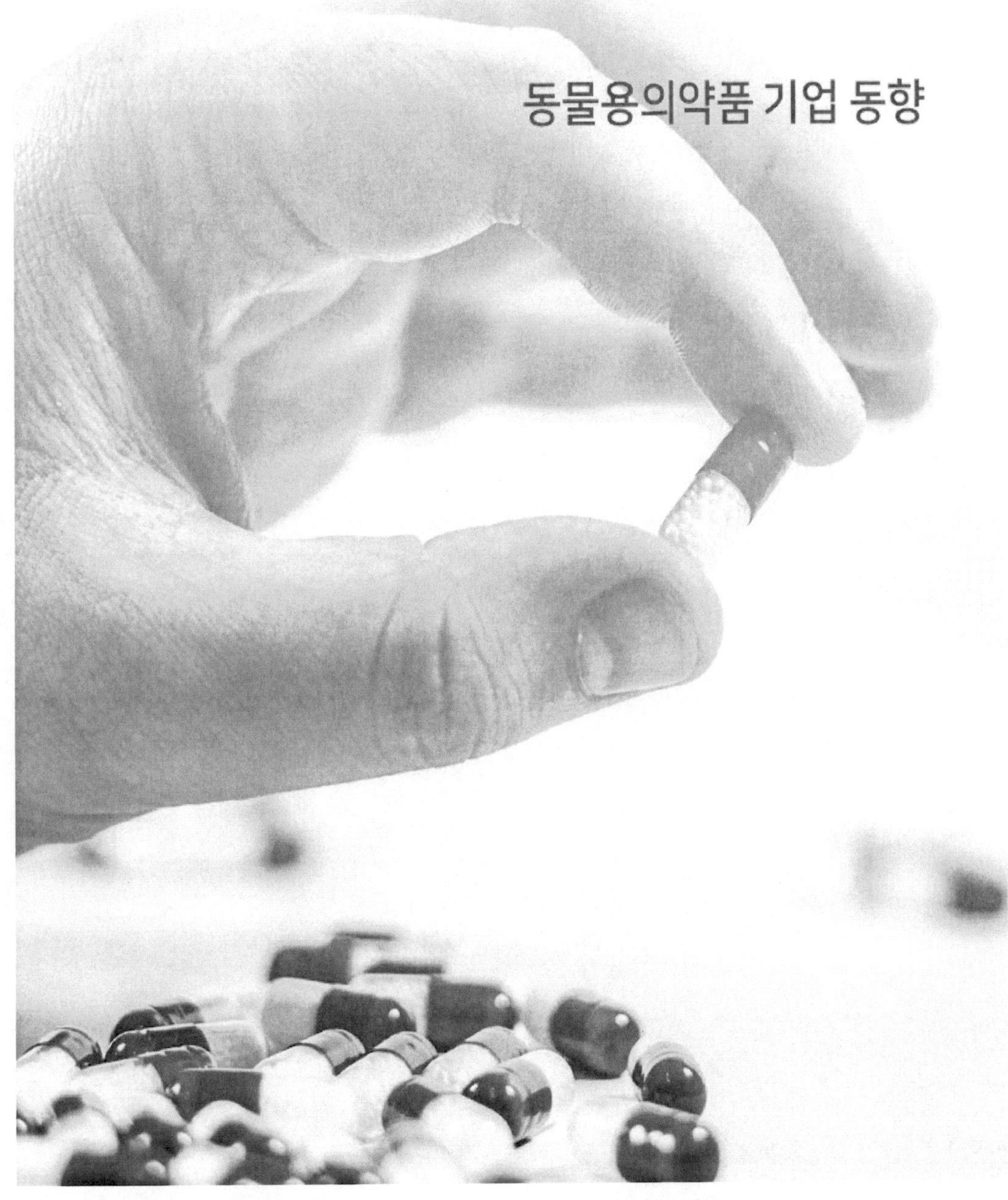

5. 동물용의약품 기업 동향

가. 해외 기업[30][31]

1) Zoetis (미국)[32]

[그림 69] Zoetis(조에티스)

조에티스(Zoetis)는 동물용 의약품 시장 점유율 1위의 기업이다. 조에티스는 1952년 화이자의 농업부서로 시작했다. 처음엔 가축용 의약품으로 이름을 알리다가 반려동물 시장이 커지면서 이 분야 실적도 성장하고 있다. 2013년 화이자에서 인적 분할해 상장했으며 백신, 항감염제, 구충제, 기타 의약품, 피부과, 약용 사료 첨가제, 반려동물 및 가축에 대한 동물건강진단 등의 300개 이상의 제품을 보유 중이다.

조에티스는 세계 100여 개국에 진출해 가축 백신, 반려동물 의약품 및 의료기기를 판매하고 있다. 2022년 반려동물 의약품 시장에서 조에티스의 점유율은 27%로 세계 1위를 차지했다. 조에티스 매출의 70%가량이 해당 사업에서 나오고 있다.

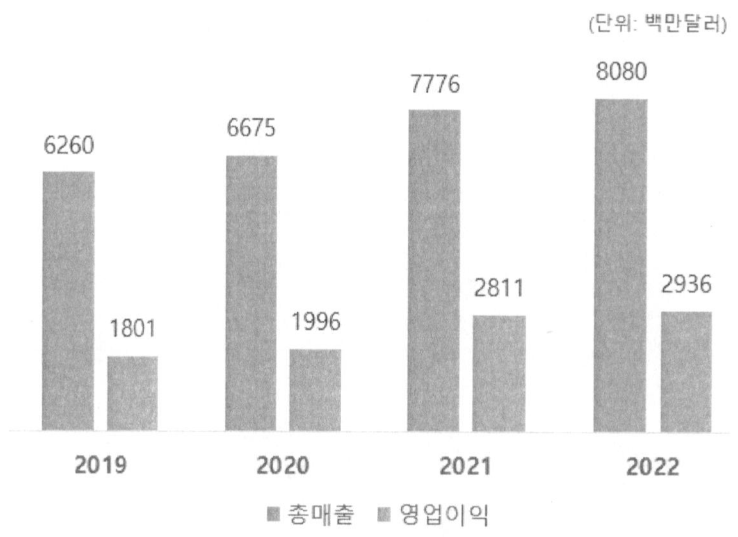

[그림 70] Zoetis 매출 추이

---

30) 동물 의약품 시장, 글로벌 시장동향보고서/연구개발특구진흥재단
31) 수의용 백신 시장/연구개발특구진흥재단
32) 반려동물 의약품 독점…"조에티스 주목"/한경 글로벌마켓

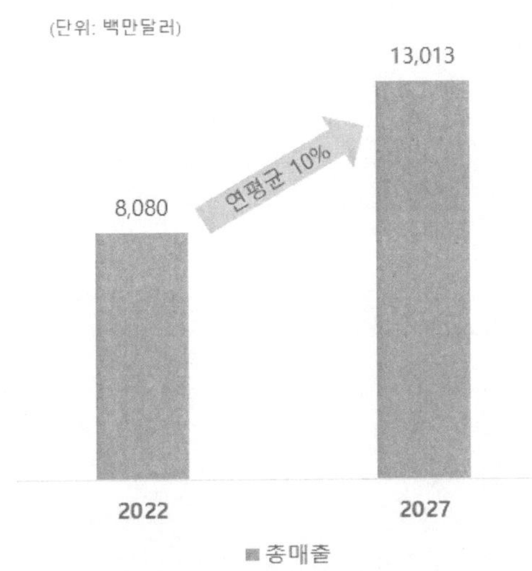

[그림 71] Zoetis의 매출 전망

조에티스는 2019년 6,260백만 달러에서 2022년 8,080백만 달러로 연평균 8.88%로 성장했으며, 5년간 연평균 10.5%씩 성장할 것으로 예상된다. 이는 반려동물 시장이 커지면서 반려동물 의료 지출도 증가하고 있어서다. 코로나19가 퍼진 뒤 재택근무가 도입되면서 반려동물을 입양하는 가구가 늘어났다. 포브스에 따르면 지난해 미국에서 반려동물을 처음 입양한 가구 중 78%가 코로나 팬데믹을 계기로 동물을 키우기 시작했다. 영국과 호주에서도 코로나19를 기점으로 반려동물을 키우는 인구가 각 200만 명, 100만 명 늘어났다.

조에티스는 항생제, 백신, 기생충제, 의약품 사료 첨가제, 기타 의약품 및 기타 비의약품 등 6가지 주요 부문을 통해 다양한 동물 헬스케어 제품을 제공하고 있다. 고양이, 말, 가금류 및 돼지 등의 동물을 대상으로 다양한 수의 진단 및 유전 제품을 제공하고 있으며, ELISA(enzyme-linked immunosorbent assay), RIM(rapid immuno migration) 및 AGID(agar gel immunodiffusion) 검사와 같은 기술을 활용하는 가축 및 동물용 면역진단 제품을 폭넓게 제공하고 있다.[33]

내/외부 구충제			백신			
revolution	Simparica	ProHeart SR-12	VANGUARD	BRONCHICINE CAe	DEFENSOR 3	FELOCELL
피부			항구토제		항생제	
apoquel (oclacitinib tablet)	CYTOPOINT	MALASEB-F　Aloveen	Cerenia maropitant citrate		convenia cefovecin sodium	CLAVAMOX
NSAID	진정 및 마취		기타			
RIMADYL (carprofen)	DOMITOR	ANTISEDAN (atipamezole hydrochloride)	LYPROFLEX	OTI-CLENS		

[그림 72] Zoetis의 반려동물 제품

---

33) 동물 진단 시장/연구개발특구진흥재단

제품명	특징
레볼루션 	• 개와 고양이의 심장사상충 예방과 내외부 기생충 예방 및 치료에 사용 • Revolutionary Safe! FDA가 검증한 안전성으로 경구 독성이 낮아 임신, 수유 시에도 사용 가능
아포퀠 	• 개의 참을 수 없는 가려움을 위한 JAK(Janus Kinase) 억제 치료제 • 급성 혹은 만성 피부 소양증을 스테로이드에 비해 빠르고 안전하게 개선
사이토포인트 	• 개의 아토피성 피부염을 위한 단클론항체 치료제 • 1회 투약으로 개의 아토피성 피부염에 의한 가려움증을 4~8주 동안 조절할 수 있는 주사제 • 표적치료로 안전하고 효과적으로 사용 가능

[표 22] Zoetis의 반려동물 주요 제품 특징

[그림 76] Zoetis의 축산동물 제품

제품명	특징
드랙신 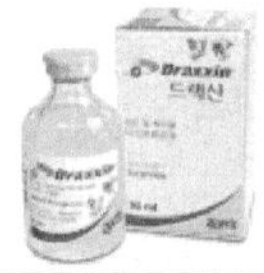	지속성 항균제 • 돼지: 흉막 폐렴, 파스튜렐라 폐렴, 마이코플라즈마성 폐렴과 관련된 각종 돼지 호흡기 질병예방 및 치료 • 소: 맨헤미아 폐렴, 파스튜렐라 폐렴, 헤모필러스 폐렴, 마이코플라즈마성 폐렴, 전염성각결막염 등과 관련된 소 호흡기 질병 예방 및 치료
스커가드4K 	설사 종합 예방백신 (나라장터 등록 품목) • 소: 임신우에 접종하여 로타바이러스, 코로나바이러스, 대장균 K99에 의한 송아지의 설사 및 폐사 예방 또는 경감
포울백 이콜라이 	양계 백신 • 양계: 조류 병원성 대장균증 감염 예방

[표 23] Zoetis의 축산동물 주요 제품 특징

2) Merck&Co (미국)

[그림 80] MSD Animal Health

  MSD Animal Health 는 머크앤컴퍼니(Merck&Co)의 계열회사로 미국에서 1891년에서 설립
되어 현재 뉴저지에 본사가 위치하고 있다. 머크앤컴퍼니(Merck&Co)는 의약품, 백신, 소비자
관리 제품, 동물 건강 제품, 동물 치료제 등을 통해 혁신적인 의료 솔루션을 제공하며, 동물약
품 사업부는 1969년에 시작되었으며 전세계에 약60개 지사를 가지고 있다.

제품명	특징
노비박 (Nobivac)	개와 고양이 전용의 불활화 광견병 예방 백신
브라벡토 (Bravecto)	개와 고양이의 외부기생충약
파나쿠어 (Panacur)	펜벤다졸 성분의 개와 고양이용 광범위 내부기생충 예방약
포실리스 (Porcilis)	써코바이러스 2형(PCV2), 돼지 생식기 호흡기 증후군(PRRS) 및 돼지 인플루엔자 바이러스(SIV)를 포함한 돼지 질병 예방 백신
Bovilis	소 호흡기 세포융합 바이러스(BRSV), 전염성 소 비기관염(IBR), 소 바이러스성 설사 바이러스(BVDV) 등
Aquavac	박테리아, 바이러스 및 기생충 병원균으로 인한 질병으로부터 어패류를 보호
주프레보 (Zuprevo)	마크로라이드계 틸디프로신 주사용 항생제

[표 24] MSD Animal Health의 주요 제품 제공 현황

3) Boehringer Ingelheim International (독일)

[그림 81] Boehringer Ingelheim International

베링거인겔하임(Boehringer Ingelheim International)은 독일의 다국적 제약회사로 동물 및 사람의 건강을 위한 처방 의약품, 소비자 건강 관리 제품과 함께 의약품을 제조 및 판매하는 기업이다. 선도적인 수의용 백신 제조업체로, 처방 의약품, 소비자 헬스케어, 동물 건강, 바이오 의약품 및 산업 고객 등 5가지 사업 부문을 통해 다양한 제품과 서비스를 제공하고 있다.

베링거인겔하임 동물약품은 2016년 말 프랑스의 사노피로부터 메리알을 인수하여 제품 포트폴리오를 확장함으로써 동물용 의약품 분야에서 전세계 시장 점유율 2위를 차지하는 거대한 회사가 되었다.

제품명	특징
넥스가드 스펙트라	개의 심장사상충질환의 예방 및 위장관선충의 감영의 치료와 동시에 벼룩과 진드기 감염 치료
하트가드 플러스	오리지날 심장사상충 예방약
프론트라인	강아지와 고양이의 구충제
베트메딘®(Vetmedin®)	반려견 심혈관 치료제
인겔백 써코플렉스 (Ingelvac CircoFLEX®)	돼지 써코바이러스 관련 질환(PCVAD) 예방
인겔백® 피알알에스 생독 (Ingelvac® PRRS MLV)	돼지 생식기 호흡기 증후군(PRRS) 예방 생독백신
라백 스타프 (Lavac®Staph)	유방염 예방 백신

[표 25] Boehringer Ingelheim International의 주요 제품 제공 현황

4) Elanco Animal Health (미국)

[그림 82] Elanco Animal Health

엘랑코(Elanco Animal Health)는 반려동물 및 가축을 위한 제품을 제조 및 판매하는 동물 건강 분야에서 세계적인 선도적인 기업이다. 동물 헬스케어 관련 기업으로, 인간 제약과 동물 건강 등 두 가지 사업 부문을 통해 다양한 제품을 제공하고 있다. Elanco는 주로 백신, 항균 및 항균제와 같은 수의용 의약품을 제공하고 있다.

제품명	특징
세레스토 (Seresto)	참진드기를 예방해 주는 목걸이형 구충제
임프로뮨 (Impromune)	특허받은 반려동물 프리미엄 면역 영양제
아토케어 스팟-온 (Atocare spot-on)	민감하고 연약한 개, 고양이의 맞춤 피부 케어 앰플
엔테로-크로닉 (Entero-chronic)	개, 고양이의 장세포 재생 영양제
프로-엔테릭 (Pro-enterice)	특수 코팅 공법으로 장까지 살아가는 개, 고양이의 유산균

[표 26] Elanco Animal Health의 주요 제품 제공 현황

5) Ceva Santé Animale (프랑스)

[그림 83] Ceva Santé Animale

세바 상떼 아니멀(Ceva Santé Animale)는 프랑스 리부른에 본사를 둔 다국적 회사로 1999
년에 설립되었다. 세바는 백신, 항생제, 항감염제, 대사 촉진제, 생식 및 관련 치료제를 개발
및 제조하는 수의학 제약 기업이다. Ceva Santé Animale는 수의용 의약품을 제공하고 있으
며 가금류 백신 접종 분야를 선도하고 있으며, 주로 반려동물, 가금류, 반추동물, 돼지를 위한
의약품과 제품을 제공하고 있다. 세바는 2000년 이후 매년 평균 12%의 성장률을 기록할 정
도로 날로 발전하면서 어느 틈엔가 전세계 5위 대열에 합류하였다.

제품명	특징
세박 에스 갈리나룸	가금티푸스 백신
비고진	대사촉진제
써코백	돼지의 써코바이러스 백신
하이오젠	돼지 마이코플라즈마에 의한 유행성 폐렴 예방 백신
코글라픽스	돼지 흉막 폐렴의 예방 백신

[표 27] Ceva Santé Animale의 주요 제품 제공 현황

6) IDEXX Laboratories (미국)[34]

[그림 84] IDEXX Laboratories

아이덱스 래버러토리즈(IDEXX Laboratories)는 동물 진단분야에서 세계 1위의 기업으로 동물 진단 시장을 위한 진단 및 정보 기술 기반의 제품과 서비스를 제공하는 기업으로, 주로 가축 및 가금류 진단 사업부에서 소, 양, 염소, 돼지 및 가금류에 대한 진단 제품을 제공하고 있다. 특히, IDEXX Laboratories는 우유 품질 및 안전성(유제품) 제품과 휴먼 포인트 케어 의료 진단 시장(OPTI Medical) 제품을 제공하고 있다.

IDEXX Laboratories는 반려동물 그룹(CAG), 가축, 가금류 및 유제품(LPD), 수질 제품(물), 기타 사업 부문 등 네 가지 사업 부문을 통해 운영되고 있다. IDEXX Laboratories는 반려동물 그룹(CAG) 부문을 통해 화학, 혈액학, 면역검사, 소변 분석기, 응고 분석기 등 사내 임상 진단 솔루션과 수의사들을 위한 클라우드 기반 통합 진단 정보 관리 플랫폼을 제공하고 있다. 또한, 레퍼런스 실험실 진단 및 컨설팅 서비스를 제공하고 있다.[35]

---

34) 동물 진단 시장/연구개발특구진흥재단
35) 반려동물 진단 시장/글로벌 시장동향보고서

카테고리	하위카테고리	제품
In-house Analyzers	Chemistry Analyzers	• Catalyst One • Catalyst Dx • VetTest
	Hematology Analyzers	• ProCyte Dx • LaserCyte Dx
	Urinalysis Analyzers	• SediVue Dx • IDEXX VetLab UA Analyzer
	Additional Analyzers	• SNAP Pro Analyser • Coag Dx Analyzer • VetStat Electrolyte Blood Gas Analyzer • SNAPshot Dx Analyzer
SNAP Test	Pancreatic Tests	• SNAP cPL • SNAP fPL
	Infectious Diseases	• SNAP 4Dx Plus • SNAP Feline Triple • SNAP Heartworm RT • SNAP FIV/FeLV Combo • SNAP Lepto
	Cardiac Tests	• SNAP Feline proBNP
	Fecal Tests	• SNAP Giardia • SNAP Parvo
	Equine Tests	• SNAP Foal IgG Test • SNAP Total T4

[표 28] IDEXX Laboratories의 주요 제품 제공 현황

7) Qiagen N.V. (네덜란드)[36]

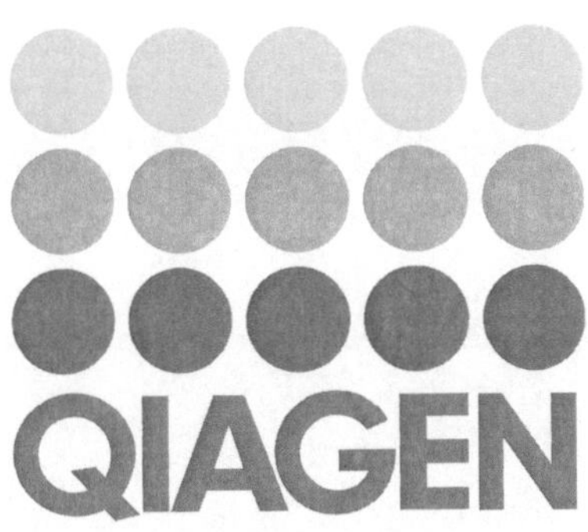

[그림 85] Qiagen N.V.

퀴아젠(Qiagen N.V.)는 분석 장비, 소모품 및 검출 기술을 제조 및 판매하는 기업으로, 분자 진단 실험실, 수의학 실험실, 식품 안전 센터, 법의학 연구소, 다양한 정부 및 개인 실험실, 학술 및 연구기관에 서비스를 제공하고 있다.

Qiagen N.V는 특히, 진단 키트, PCR 증폭 키트 및 사람과 동물을 위한 DNA 시퀀싱 키트를 포함하여 500종 이상의 소모품과, 핵산 샘플 준비, 분석 설정, 표적 탐지 및 게놈 정보 해석과 같은 여러 실험실 프로세스를 수행하는 완전 자동화된 기기를 제공하고 있다.

일자	분야	제품
2016.11	Microbiome Profiling	A metagenomics analysis plugin for the QIAGEN Microbial Genomics Pro Suite and CLC Genomics Workbench
2014.12	Virus Testing	Ready-to-use virotype Influenza A RT-PCR Kit

[표 29] Qiagen N.V.의 주요 제품 출시 현황

36) 동물 진단 시장/연구개발특구진흥재단

8) Thermo Fisher Scientific (미국)[37]

Thermo Fisher
SCIENTIFIC

[그림 86] Thermo Fisher Scientific

써모피셔사이언티픽(Thermo Fisher Scientific, Inc.)는 분석 장비, 세포 분석 장비, 시약 및 유전자 분석 소프트웨어를 개발 및 제조하는 기업으로, 인간 및 동물 응용 분야를 위한 진단 테스트 키트, 시약, 배양 배지 및 기기 등을 제공하고 있다.

써모피셔사이언티픽은 국내 물류서비스 통합 운영을 위해 인천 영종도에 물류센터를 신규 오픈했다. 전용 면적 약 3천 평으로 기존 장지 물류센터 대비 3배가량 넓어진 규모의 영종 물류센터는 국내 고객을 위한 물류 허브로 삼기 위해 마련됐다.

써모피셔사이언티픽은 새 물류센터 통해 생명과학을 비롯한 분석 장비, 진단 및 의약품 개발, 실험실 장비에 이르는 다양한 포트폴리오 제품을 보다 안정적으로 공급할 수 있게 됐다. 또 장지 물류센터를 비롯해 전국 소규모 물류센터를 영종 물류센터 한 곳으로 통합시켜 물류 운영을 관리하게 된다.

일자	분야	제품
2015.06	ELISA Test	BOVIGAM TB Kit
2014.01	Microbial Detection and Identification Kit	VetMAX-Gold Trich Detection Kit

[표 30] Thermo Fisher Scientific의 주요 제품 출시 현황

---

37) 동물 진단 시장/연구개발특구진흥재단

9) Neogen Corporation (미국)[38]

[그림 87] Neogen Corporation

네오젠(Neogen Corporation)은 식품 및 동물 안전 관련 제품을 개발, 제조 및 판매하는 기업으로, 식품 안전 부문에서 식품 생산자와 식품 가공업자를 위한 진단 키트와 보완 제품을 제공하여 식품 및 동물 사료에서 식품 매개 병원균, 부패 유기체, 식품 알레르기 유발 물질, 천연 독성 물질, 의약품 및 기생체 또는 살충제 잔류물과 같은 의도하지 않은 유해 물질을 탐지할 수 있도록 한다.

네오젠은 동물 안전 부문에서 의약품, 설치류, 생물학, 소독제, 백신, 수의학, 진단 제품 및 유전자 테스트 서비스의 개발, 제조 및 마케팅에 참여하고 있다.

일자	분야	제품
2015.08	Genomic Test	The Igenity-Elite dairy genomic test
2015.11	ELISA Test	ELISA test for dermorphin, equine-specific diagnostics product
2015.11	Genomic Profiler	GGP Bovine LD v4, a low-density genomic profiler
2016.06	Test of Dairy Cattle	MAP test, a test for the detection of Mycobacterium avium ssp. paratuberculosis (MAP), causing Johne's disease (a.k.a.,paratuberculosis) in dairy cattle
2016.10	Genomic Profiling Test	The GeneSeek Genomic Profiler Ultra-Low Density (GGP uLD)
2017.02	DNA Test	a GeneSeek Genomic Profiler Bovine 50K (GGP 50K)
2017.02	DNA Test	Igenity Brangus Profiler
2017.11	Genomic Profiler	Angus GS

[표 31] Neogen Corporation의 주요 제품 출시 현황

---

38) 동물 진단 시장/연구개발특구진흥재단

10) Heska Corporation (미국)[39]

[그림 88] Heska Corporation

　헤스카(Heska Corporation)은 동물 진단 관련 제품을 개발, 제조, 판매 및 판매하는 기업으로, Core Companion Animal Health(CCA) 부문에서 혈액 검사 기기와 소모품, 디지털 영상 제품, 소프트웨어 및 서비스, 심장병 진단 테스트, 심장사상충 예방 제품, 알레르기 면역치료 제품, 카누와 파이프라인을 위한 알레르기 테스트와 같은 단일 사용 제품 및 서비스를 제공하고 있다.

　헤스카은 기타 백신, 제약 및 제품 부문(OVP)에서 소와 작은 포유류를 포함한 다른 동물들을 대상으로 한 개인 레이블 백신과 의약품을 제공하고 있다.

카테고리	제품
Chemistry Analyzers	- Element DC - DRI-CHEM 4000 - DRI-CHEM 7000
Hematology Analyzers	- HemaTrue - Element HT5
Blood Gas-Electrolyte Analyzer	- Element POC
Immunodiagnostic Analyzer	- Element i
Specialty/Integrated Analyzer	- Element COAG
Lateral Flow Immunoassay Heartworm Tests	- Solo Step CH Cassettes - Solo Step FH Cassettes - Solo Step CH Batch Strips

[표 32] Heska Corporation의 주요 제품 제공 현황

---

39) 동물 진단 시장/연구개발특구진흥재단

11) Cargill Inc (미국)[40]

[그림 89] Cargill

카길(Cargill)은 식품 및 농업 산업뿐만 아니라 금융 및 일반 산업 제품 및 서비스의 여러 측면에 관여하는 글로벌 기업으로 확립된 브랜드를 통해 신뢰할 수 있는 고품질의 제품을 제공하고 있다.

현재 카길은 동물용 성장 촉진제 및 증강제 시장에서 동물 생산자, 사료 제조 업체 및 소매업체에 혁신적인 솔루션을 제공하고 있다.

구분	제품	
돼지 (사료 첨가제)	• Cinergy • Cinergy FIT • Prohacid • Enzae • CinergyFIT 3S	• Cinergy Life B3 • ProHacid Classic & ProHacid • Proviox • Nectarom
사료 첨가제	• Valido • Intella	• Cinergy • Proviox
가금류 (맞춤식 사료 솔루션)	• Biacid • Provimax • Proviox	• Enzae • Intella FIT • Intella FIT Plus

반추 동물	• NutriTek
	• I.C.E
	• Proviox
		• Diamond V Original products
		  - Original XPC
		  - XPC Green
		  - XPC LS

양식업	• Proviox	

[표 33] Cargill Inc의 제품 현황

---

40) 동물용 성장 촉진제 및 증강제 시장/연구개발특구진흥재단

카길은 동물 영양소로는 가금류, 돼지, 소고기 및 유제품 브랜드 홍보를 통해 사료첨가물을 제공하고 있으며, 프로바이오틱스, 효소, 항생제 및 마이코톡신 해독제 등의 제품을 제공하고 있다.[41]

제품	가축	종류
Notox	돼지, 가금류, 반추동물, 수산 양식	마이코톡신 해독제
Valido	반추동물	
Intella FIT	가금류	
Intella FIT Plus	가금류	
CinergyFIT 3S	돼지	프로바이오틱스
Cinergy Life B3		
Cinergy IGP 5/10	가금류, 돼지, 반추동물	
Proviox	돼지, 가금류, 반추동물, 수산양식	산화방지제
Enzae	가금류	효소
Nectarom	돼지	향료&감미료
ProHacid	돼지	산성화제
Provimax	가금류	
Amaferm	반추동물	프로바이오틱스
AOX	가금류, 돼지, 반추동물	식물성 사료첨가물
Trasic SeY	가금류, 돼지, 반추동물	미네랄
Defusion 501	가금류, 돼지, 반추동물	보존료
Defusion Prime	돼지	
Defusion Plus	돼지	
Defusion VAC-60	반추동물	
Valido Choline RP	젖소	비타민

[표 34] Cargill의 주요 제품 제공 현황

---

41) 사료첨가물 시장/연구개발특구진흥재단

12) Royal DSM N.V. (네덜란드)[42]

[그림 90] Royal DSM N.V.

로열 DSM NV(Royal DSM N.V.)는 인간 영양, 동물 영양, 퍼스널 케어, 아로마, 의료기기, 친환경 제품 및 애플리케이션, 이동성 및 연결성을 위한 솔루션을 제공한다. 현재 Royal DSM N.V.는 반추 동물, 수생 동물 및 돼지를 포함한 다양한 동물 유형을 대상으로 하는 제품을 제공하고 있으며, 경쟁 기업에 비해 양식업을 위한 강력한 제품 포트폴리오를 보유하고 있다.

구분	제품	
양식업	• RONOZYME WX • ROVIMAX NX • Optimum Vitamin Nutrition (OVN) • RONOZYME Phytases • DHAgold	• ROVIMIX STAY-C 35 • ROVIMAX NX • ROVIMIX E50 • CAROPHYLL Pink • Vitamin C
가금류	• CRINA Poultry Plus • RONOZYME • CYLACTIN • Hy-D • RONOZYME ProAct • RONOZYME NP	• RONOZYME HiPhos • MaxiChick • Optimum Vitamin Nutrition (OVN) • CAROPHYLL red • CAROPHYLL yellow • Balancius
반추동물	• ROVIMIX Biotin • Optimum Vitamin Nutrition (OVN) • ROVIMIX ß-Carotene • CYLACTIN	• CRINA Ruminants • RONOZYME RumiStar • ROVIMIX Biotin • CRINA Ruminants
돼지	• Hy-D • PureGro • RONOZYME HiPhos • RONOZYME WX • CRINA Piglets	• CRINA Finishing Pigs and Sows • CYLACTIN • Optimum Vitamin Nutrition (OVN) • ROVIMIX E50 • VevoVitall

[표 35] Royal DSM N.V.의 제품 현황

---

42) 동물용 성장 촉진제 및 증강제 시장/연구개발특구진흥재단

13) ADM (미국)[43]

[그림 91] ADM

아처 대니얼스 미들랜드(ADM, Archer Daniels Midland Company)은 식음료 성분, 사료 성분, 산업 성분 및 바이오 연료를 생산하는 기업으로, 자회사인 ADM Animal Nutrition, Inc.(미국)를 통해 사료첨가물 제품을 제공하고 있다. 특히, 동물 건강을 위한 특수 성분, 프리믹스&블렌딩 및 사료 제품을 제공하고 있다.

제품	가축	종류
L-Lysine	돼지, 가금류, 반추동물, 펫 다이어트	아미노산
L-Threonine		
Tryptophan		
Isoleucine		
Valine		
Emprical	가금류, 돼지	효소
Biuret	반추동물	비단백질 질소
DHA Natur	-	산성화제
Nova E	-	비타민
Citric acids	-	산성화제
Enertia	-	
Anco FIT and Anco FIT Poultry	가금류	프로바이오틱스

[표 36] ADM의 주요 제품 제공 현황

---

43) 사료첨가물 시장/연구개발특구진흥재단

14) BASF (독일)[44]

□ ■ BASF

We create chemistry

[그림 92] BASF

바스프(BASF)는 화학 제품 제조업체로, 화학 제품, 성능 제품, 기능성 소재&솔루션, 농업 솔루션, 석유&가스 등의 시장 부문에서 사업을 운영하고 있다. BASF는 식품 및 사료 성분의 주요 공급 업체 중 하나이며 영양 및 건강 관리 제품 사업 부문을 통해 비타민, 카로티노이드, 미네랄 및 효소 등을 제공하고 있다.

제품	가축	종류
Natugrain	돼지, 가금류	효소
Natuphos		
Natuphos E		
Copper-Glycinate	돼지, 가금류	글리시네이트
Iron-Glycinate		
Manganese-Glycinate		
Zinc-Glycinate		
Lucantin Pink	어류	카로티노이드
Lucantin CX 10% NXT	가금류	
Lucantin Red	가금류	
Lucantin Yellow	가금류	
Lucarotin	돼지, 가금류, 반추동물	
Amasil	돼지, 가금류	산성화제
Lupro-Cid	돼지, 가금류	
Lupro-Grain	돼지, 가금류, 반추동물, 수산 양식	
Lupro-Mix	돼지	
Luprosil	돼지, 가금류	

[표 37] BASF의 주요 제품 제공 현황

---

44) 사료첨가물 시장/연구개발특구진흥재단

제품	가축	종류
Lutavit A NXT	돼지, 가금류	비타민
Lutavit B2 SG 80		
Lutavit E		
Lutavit A Calpan 98%		
Vitamin A Palmitate		
Vitamin A Propionate		
Vitamin E-Acetate		
Novasil Plus	돼지, 가금류	클레이 제품 (마이코톡신 해독제)
Novasilect AF		
Lutalin	돼지, 반추동물	공액리놀레산
Lutrell		

[표 38] BASF의 주요 제품 제공 현황

15) Adisseo (프랑스)[45]

[그림 93] Adisseo

아디세오(Adisseo)는 동물 영양을 위한 영양 첨가물 제조 관련 기업으로, 효소, 메티오닌, 유기셀레늄 소스, 비타민, 프로바이오틱스 첨가물과 같은 다양한 첨가물 제품을 제공하고 있다.

제품	종류
Rhodimet AT88	아미노산
MetaSmart	
Smartamine	
Rhodimet NP99	
Rovabio excel	효소
Rovabio Advance	
Rovabio Advance PHY	
Alterion	프로바이오틱스
Selisseo	미네랄
AdiSodium	
Microvit	비타민
Nutri-Meth 50C	
Nutri-Chol 25C	
Nutri-PP 50C	
Nutri-B Complex 25C	
TOXY-NIL	마이코톡신 해독제
UNIKE PLUS	
MOLD-NIL	

[표 39] Adisseo의 주요 제품 제공 현황

---

45) 사료첨가물 시장/연구개발특구진흥재단

제품	종류
APEX	식물성 사료첨가물
SANACORE	항생제
ADIMIX	프로바이오틱스
ULTRACID	산성화제
OPTISWEET	향료&감미료
KRAVE	
MAXAROME	
Nutri-Ferm	프로바이오틱스
Nutri-Ferm Prime	
Nutri-Pass	보존료
Nutri-MFM	
NUTRI-MIX	
OXY-NIL	산화방지제
EVACIDE	산성화제
BACTI-NIL	
SALMO-NIL	
NUTRI-BIND	카로티노이드
NUTRI-GOLD	

[표 40] Adisseo의 주요 제품 제공 현황

나. 국내 기업

1) 중앙백신[46]

[그림 94] 중앙백신

　중앙백신(중앙백신연구소)는 1968년 12월 중앙가축전염병연구소로 설립된 후, 1994년 10월 법인전환 한 동물용 생물학적제제 전문기업이다. 중앙백신은 동물약품 단일사업을 영위하고 있으며, 동물질병 예방을 목적으로 하는 동물용 백신의 제조 및 판매와 사료첨가제, 구충제, 소독제 등의 상품판매, 생물학적제제의 연구 및 질병 검사 등의 용역을 통해 매출을 시현하고 있다.

　중앙백신은 다국적기업과 치열한 경쟁을 벌이며, 주력 축종인 돼지 관련 백신의 매출을 극대화하고, 닭 백신의 신제품 출시 및 기존제품 성능을 개선하여 매출 증대에 노력하고 있다. 이를 통해 외국계 기업이 선점하고 있는 제품군에 대한 점유를 점차 확대해 나가려 하고 있다. 중앙백신의 동물용백신 개발은 20명 내외의 전문가 그룹 주도하에 연구개발이 진행되고 있다. 중앙백신은 다양한 동물백신 개발을 위한 플랫폼을 직접 연구·개발하였고, 이를 기반으로 다양한 가축에 대한 백신을 개발하였다. 이러한 연구개발을 통해 획득한 기술은 국내외 주요 국가에 특허권을 등록함으로써 기술장벽을 구축하고 있다. 중앙백신은 현재 31건의 특허권을 가지고 있으며, 27건의 상표권을 보유하고 있다.

특허명	특허 번호
돼지 설사병 백신용 섬모 및 독소를 대량 생산하는 형질전환 대장균 및 이에 의해 생산되는 섬모 및 독소를 항원으로 포함하는 돼지 설사병 예방용 백신 조성물	10-1842130
무혈청배지 부유배양에 적응된 광견병 바이러스 생산 세포주	10-2011632
신규 약독화 PEDV 균주 및 이를 포함하는 백신	10-2049147
신규한 약독화 PRRS 바이러스 균주 및 이를 포함하는 백신 조성물	10-1885375
돼지 써코바이러스 관련 질환을 예방하기 위한 PCV-2의 전체 바이러스를 포함하는 혼합백신	10-1484469
돼지 인플루엔자 예방을 위한 세포 기원 불활화 백신 및 그의 제조방법	10-1093510

외 등록 특허권 28건 및 등록 상표 25건 보유

[그림 95] 중앙백신의 지식재산권 현황

　중앙백신은 꾸준한 연구개발을 통하여 다양한 신제품을 지속적으로 시장에 선보이고 있다. 최근 주요 연구개발 실적을 살펴보면, 돼지 생식기·호흡기 증후군 바이러스 불활화백신(국내 최초), 국내 최초 고양이 3종 혼합백신, 국내 최초 저병원 조류 인플루엔자 사독백신, 돼지 써코바이러스 백신(기술 특허등록), 우결핵 항체 다이렉트 엘라이자(진단용키트), 어류용 연쇄상

---

46) 중앙백신(072020)/한국IR협의회

구균 백신, 조류백신용 백신보조제(Adjuvant) 등을 개발 보고하였다.

 이 가운데 기술특허로 등록된 돼지 써코바이러스 백신은 다국적 기업인 베링거의 써코바이러스 백신에 비하여 우수한 효과를 입증하였으며, 가격 경쟁력 면에서 좋은 평가를 받았다. 또한, 중앙백신은 국내 자체 기술개발을 통해 안정성이 증대된 'Water-in-Oil(W/O)' 타입의 백신보조제(Adjuvant)를 개발하였다. 새로이 개발된 백신보조제는 다양한 오일과 계면활성제 가운데 최적의 구성성분과 조성비를 발굴하였고, 수상인 항원과 에멀전 조건을 확립하였다. 특히 해당 백신보조제는 국내 독자 기술로 개발완료한 것에 의미가 있으며, 기존의 W/O 타입 백신보조제에 비해 점성은 낮고 안정성은 높은 특징이 있다.

 중앙백신은 제품 제작을 통해 최종 안정성(stability) 및 효능성(efficacy), 안전성(safety)을 모두 확인했고, 동물용 백신 산업에 유화기술로써 적용할 수 있으며, 특히 가금 불활화 혼합 백신에 적용이 가능하다고 보고하였다. 중앙백신은 외산 백신보조제의 점유율이 높은 국내 실정 감안 시 상당한 수준의 수입대체효과가 기대된다.

 연구개발과 더불어 기업의 기술력을 평가할 수 있는 주요요소는 제품의 품질관리(QC; Quality control)가 얼마만큼 잘 유지되고 있는지 확인하는 것이다. 중앙백신은 실제 2015년에 품질관리의 문제로 대규모 제품 폐기 사태를 겪은 바 있다. 현재는 기존 설비 보완을 통하여 폐기율을 급격히 줄였지만 근본적인 해결을 위하여 지속적인 품질관리(제품 생산을 위한 가동라인의 자동화, 신규시설의 국제규격화 등)에 투자를 아끼지 않고 있다. 해외 기업들의 GMP 평가 기준이 강화되면서 중앙백신도 이에 맞추어 신규설비 등에 모두 엄격한 규정을 정하여 지켜가고 있다. 2018년 완공된 논산 공장은 GMP시설을 완벽히 구축하였고, 한층 강화된 품질관리 규정을 보완 및 제정하여 각종 기준서, 방법서, 표시서 등을 정비하고 철저한 QC 과정을 통하여 품질을 보증할 수 있는 체계를 적용하고 있다. 이외 이미 구축된 시설들도 지속적인 품질관리를 위하여 설비 및 시설 강화를 계속해서 해나가고 있다.

 중앙백신은 현재 142건의 백신제조 허가를 취득하였으며, 83건의 백신을 생산 중에 있다. 중앙백신은 가축의 각 적응증에 맞게 개발한 다양한 백신을 판매 중에 있으며, 주요 파이프라인은 다음과 같다.

제품명	목적질병	특징
PED-X	• 돼지 유행성 설사병	• 모돈 및 후보돈에 접종 • 최신 야외 분리주를 이용한 고역가 사독 백신 • 설사 감소, 이유자돈수 정상화, 이유체중 정상화 등 • 연매출 40억 원
QX Flu-5	• 뉴캐슬병 • 전염성 기관지염 • 산란저하증 • 저병원성인플루엔자	• 산란계, 종계, 토종닭에 접종 • 4종의 질병을 예방하는 불활화 백신 • 8~12주령 1차 접종 후 14~18주령 보강접종 • 연매출 12억 원
K-5	• 개디스템퍼 • 전염성간염 (아데노 바이러스 2형) • 파보바이러스 • 파라인플루엔자	• 파보백신 개발자 Dr 카마이클 박사 오리지널 항원 • 애견용 종합백신 • 1차(6~7주령), 2차(8~9주령), 3차(11~14주령) 접종 후 매년 1회 보강접종
ROCO	• 로타바이러스 • 감염증 • 코로나바이러스 • 감염증	• 송아지 설사를 일으키는 로타, 코로나 바이러스 예방 • 넓은 범위의 면역력 형성, 주사, 경구투여 모두 가능 • 임신우 분만 6주전 1차, 분만 4주전 2차 접종 • 신생 송아지 초유 섭취전에 접종

[표 41] 중앙백신 주요 파이프 라인

동물용백신제조 기술은 백신 제조에 있어 백신접종 종(species), 투여경로, 면역유지기간, 면역유도경로, 백신 항원의 종류, 백신보조제의 사용 등에 따라 효능과 부작용에 직접적인 영향을 미치게 된다. 중앙백신의 기술력은 그동안 축적된 기술을 바탕으로 각각의 축종에 최적화된 백신을 개발 시장에 출시하고 있다. 중앙백신은 박테리아, 이스트, 곤충, 포유류 및 바이러스 기반의 벡터 시스템을 갖추고 있으며 지속적인 품질개량 및 신기술 개발을 계획하고 있다. 이를 통하여 산업동물 바이러스성 백신, 형질전환 미세조류를 위한 재조합백신 대량생산기술, 재조합백신 제품화, 바이러스 증식 및 전파 억제물질의 제품화에 대한 노력을 계속하고 있다. 또한 농림식품기술기획 평가원에서 주관한 아프리카돼지열병(african swine fever; ASF)백신 개발을 위한 국제 공동연구에 주관연구기관으로 2019년 08월에 선정되었으며, 국립수의과학검역본부, 서울대학교, 경북대학교, 충남대학교, 한국생명공학연구원, 동남아에 있는 대학교와 같이 연구를 진행하고 있다.

2) 이글벳[47)](#)

[그림 96] 이글벳

 이글벳은 1970년 이글케미칼공업사로 설립 후 동물의약품 제조, 판매 등을 영위하여 2000년 11월 코스닥에 상장되었다. 주요 사업은 양돈, 양계, 축우, 반려동물 등을 위한 동물의약품 사업이다.

 이글벳은 동물의약품 순수 제조, 판매만을 영위하다 1980년 초반부터 외국의 유명제품을 수입, 판매하기 시작했다. 이후 성숙기에 접어든 국내 동물의약품 시장을 벗어나 해외로 뻗어나가기 위해 1990년 호주와 동남아 일대에 수출을 시작, 사우디아라비아, 터키, 요르단, 나이지리아, 케냐, 에티오피아, 베트남, 파키스탄, 아프리카 등 해외 20여 개국에 관련 제품들을 유통, 판매하고 있다.

 특히, 케냐, 우간다, 르완다 등 경제적·사회적 환경이 빠르게 성장하고 있는 아프리카 시장 맞춤형 제품을 개발하여 제공하고 있으며, 2004년 100만 불 수출의 탑, 2009년 300만 불 수출의 탑에 이어 2017년 12월 500만 불 수출의 탑을 수상하는 등 매년 300만 불 이상의 실적을 유지하고 있다.

 이글벳은 약 51년간 각종 치료제, 영양제, 소독제 등 동물의약품을 제조해왔으며, 양돈, 양계, 축우, 양어 등 축산 부문 그리고 반려동물에 걸친 포트폴리오를 구축하였다. 시장에서 인정받은 기존 제품과 함께 진보된 성능을 갖춘 신규 제품을 출시하고 있으며, 대표적인 제품으로는 이글 롱피에스 주가 있다. 이글 롱피에스 주는 지속성 광범위 항생 주사제로 모돈과 자돈에 문제를 일으키는 질병 예방 및 치료 효과가 있으며, 특히 각종 화농성 질환에 가장 많이 사용된다. 1회 주사로 3일간 효과가 있으며, 2종의 페니실린과 스트렙토마이신의 복합처방이 가능하여 광범위한 항균 스펙트럼 및 강력한 상승효과를 지니는 등의 특징이 있다.

 이글벳은 꾸준한 품질관리를 기반으로 첨가제, 수용산제, 주사제, 액제까지 모든 제형의 제품을 제조하고 있으며, 그 중 주사제와 액제 그리고 첨가제는 KVGMP(Good Manufacturing Practice for Veterinary Pharmaceutical in Korea, 품질 우수 관리업체)인증서를 기반으로 생산, 관리하는 등의 노력으로 2018년 12월 검역본부장상인 품질관리 자율점검 우수상 수상 이력을 보유하고 있다.

---

47) 이글벳(044960)/한국IR협의회

이와 함께 최첨단 자동화 설비를 구축하는 등 2년여간 EU GMP(Good Manufacturing Practice, 우수 의약품 제조·관리 기준) 승인을 획득하기 위해 노력해온 결과 2017년 11월 국내 동물 약품 업계 최초로 무균주사제 생산시설에 대한 EU GMP 인증을 획득했다. EU GMP는 제조공장의 구조·설비를 비롯해 원료의 구매부터 제조, 품질관리·보증, 포장, 출하에 이르기까지 생산공정 전반에 걸쳐 요구되는 기본 규정으로, 독일 식약청에서 전문가들의 실사를 통해 글로벌 시설 및 품질관리 역량을 검증했다는 인증이다. 해당 공장은 주사제 랍스(RABS; Restricted Access Barrier System, 최첨단 오염방지시스템)시스템, 수용성 산제 제조를 위한 Bin Blender 등 고가의 전문 장비와 교차 오염을 방지할 수 있는 자동 바이알 세척기, 터널 멸균기 등을 기반으로 생산성과 효율성을 극대화한 공장이다. 이로써 이글벳은 안정적인 동물 약품 생산이 가능해졌으며, 해당 승인으로 유럽 제약사로부터 수탁 생산을 통한 매출성장이 가능해질 것으로 전망된다.

이글벳은 2010년 1월부터 한국산업기술진흥협회에서 인증받은 기업부설연구소((주)이-글벳 R&D CENTER)를 공장에 설치, 운영하고 서울사무소에 별도의 학술기획팀을 두어 꾸준한 투자 및 연구지원에 주력하고 있다. 송아지와 자돈(새끼돼지)의 콕시듐증(조류 및 포유동물의 원충성 질병으로 설사와 장염, 혈변을 특징으로 하는 원충에 의한 기생충성 질병) 치료 및 예방제인 이글콕시졸, 송아지의 장기능을 개선해주는 닥터이레아, 약액용기용 액체 이송장치인 스피드트랜스 등 다수의 특허를 기반으로 제품을 생산하고 있다.

특허명	특허 번호
병원성 세균에 의한 질병의 예방 및 치료용 수의학적 조성물	10-2199185
백신 접종 동물의 스트레스 완화용 수의학적 조성물	10-2177631
발효공법을 이용한 아로니아 함유 기능성 복합 사료첨가제의 제조방법	10-1936620
열 안정성이 강화된 효모를 이용한 정장효능이 있는 동물 경구 투여용 의약품 주입제 조성물 및 그 제조방법	10-1893736
열 안정성이 강화된 효모를 이용한 정장효능이 있는 산제 동물용 의약품 조성물 및 그 제조방법	10-1893735
액상배양액의 제조방법	10-1952758
상심자 추출박을 이용한 면역증강용 사료첨가제	10-1907135
은행잎 추출박과 마늘 발효물을 포함하는 사료첨가제의 제조방법	10-1833823
케토코나졸 정제의 제조방법	10-1665970
생균수가 증가된 배지조성에 의한 발효사료의 제조방법 및 그 발효사료	10-1705320
약액용기용 액체 이송장치	10-1197494
콕시듐 치료 및 예방을 위한 조성물의 제조방법	10-1242535
송아지의 장기능 개선용 조성물 및 이의 제조방법	10-1185738

[표 42] 이글벳 보유 특허

  또한, 양돈의 장기능 개선 및 면역력 향상, 육계의 출하일령 단축, 육질 개선 그리고 산란계 계란 품질의 향상, 산란율 증가 등 양돈, 육계, 산란계의 생산성 개선을 위한 '숙성마늘 발효제를 이용한 생산성 개선'과제에 참여한 실적을 보유했다. 또한, 국내 및 해외 시장의 동물용 개량신약 개발을 통한 제품 경쟁력 확보를 위한'동물용 항생제 개량신약 개발'과제에 참여할 계획을 보유하는 등 지속적인 연구개발로 신규 성장원동력을 확보하기 위해 노력하고 있다.

3) 옵티팜[48]

[그림 97] 옵티팜

옵티팜은 의료용품 및 기타 의약 관련 제품 제조업을 목적으로 2000년 7월 아비코아생명공학연구소로 설립되었으며, 2006년 9월 동물병원 허가 및 2006년 11월 농림축산식품부로부터 가축병성감정기관으로 지정되어 동물 질병 진단 분야에 진출하였다.

옵티팜은 올해 1분기 매출액 39억원, 영업손실 13억원, 당기순손실 9억원을 기록했다. 전년 동기 대비 매출액은 11.43% 증가하고 영업손익과 당기순손익은 각각 적자지속했다. 옵티팜 측은 전사 매출액 성장이 지속됐으며 1분기 매출액으로는 최고 실적을 달성했다고 전했다.

옵티팜은 2006년 11월 가축병성감정기관으로 지정된 이후 현재까지 동물 질병 진단을 수행하고 있으며, 기술 중심의 용역서비스 특성상 가장 중요한 기술과 경험이 풍부한 인적 자원을 확보하고 있다. 또한, 기관 최초로 웹 기반의 병성감정 시스템을 도입하여 71,000여 건의 누적 데이터를 확보해 효율적인 고객관리가 가능하고, 자체 진단제품 개발을 통해 독자적인 진단 및 검사 시스템을 구축하고 있다.

동물 약품 부문 관련해서는 동물 약품 공급업체 중 유일하게 약품의 효능검정, 동물실험, 질병진단, 연구기관이 있는 업체이며, 목적 동물에 대한 동물 약품의 효능검사, 함량검사, 항생제 내성검사 등의 확보된 데이터를 통하여 효능이 입증된 동물 약품을 공급할 수 있어 일반적인 동물 약품을 공급하는 업체와 차별성을 보인다.

세균을 숙주로 삼아 오직 세균만을 제거하기 때문에 동물 세포와 유익균에 영향을 미치지 않고 유해균만을 제거할 수 있는 특징이 있는 박테리오파지 관련해서는 살모넬라균, 병원성 대장균, 포도상구균 등 다양한 동물 질병 균에 특이적인 사멸능을 갖는 박테리오파지를 다수 개발하여 보유하고 있으며, 대상에 따라 다양한 형태로 제품화가 가능한 것은 물론 목표 적응증에 대한 적합한 제형 개발기술을 보유하고 있다. 메디피그 및 이종장기 관련해서 미국의 싱클레어연구센터로부터 미니돼지를 도입한 이후 국내 유일의 유전적으로 고정된 미니피그를 보유하고 있으며, 이의 생산 및 관리를 위한 기술을 보유하고 있다.

---

48) 옵티팜(153710)/한국IR협의회

또한, 이종장기 관련 인간과의 유사성을 높이고 면역거부반응 등을 극복하기 위해 ZFN(Zinc Finger Nuclease), TALEN(Transcriptor Activator-Like Effector Nucleases), CRISPR(Clustered Regularly Interspaced Short Palindromic Repeats)/Cas(CRISPR-associated sequences)과 같은 유전자 편집기술, 상동 유전자 재조합 기술 등을 이용하여 형질전환동물을 생산하고 있다. VLP 백신 관련해서는 저렴하면서도 효능이 높은 백신 제품에 대한 연구개발에 주력하고 있다. 일반적으로 대장균, 배큘로바이러스, 효모를 이용한 발현시스템이 상용화되어 있는데 옵티팜은 배큘로바이러스-곤충세포 발현시스템을 2011년부터 자체 적용하여 대상선정에서부터 시드 확보까지 6개월 이내 백신 개발이 가능하도록 시스템을 구축해 생산성 향상 및 개발 기간을 단축함으로써 차별화를 도모하고 있다.

옵티팜은 질병의 예방, 진단, 치료의 관점에서 사업 부문별 제품, 상품, 용역 제공 등을 통해 매출을 시현 중이거나 연구개발을 지속 중에 있다. 먼저 동물 질병 진단 부문의 경우 동물의 질병 진단을 통한 재화와 용역 제공함으로써 매출을 시현 중으로 농림축산검역본부로부터 84개 질병, 212개 검사항목을 지정받아 동물 질병 진단 분야에서 선두 역할을 하고 있다. 또한, 동물 진단에 대한 노하우를 바탕으로 동물용 진단제품(swine oral fluid collection kit, Opti ASFV qPCR kit)에 대한 품목허가 및 사업화를 이루고 있다.

동물 약품 부문은 동물의 각종 질병의 예방, 진단, 치료를 위한 약품을 유통함으로써 매출을 시현 중으로 목적 동물에 대한 약품의 효능검사, 함량검사, 항생제 내성검사 등의 데이터를 통해 효능이 검증된 약품 300여 개 품목을 공급하고 있다. 박테리오파지 부문은 동물 질병 예방용 사료 첨가제인 옵티케어를 제조해 납품함으로써 매출을 시현 중이며, 프로브박의 성분 등록 및 관련 제품인 프로브박FD를 개발하였다. 377여 종의 박테리오파지 확보해 동물용 항생제 대체재, 인체 의약품, 식품 첨가제 등 다양한 범위의 활용을 위해 연구개발을 수행 중이다.

메디피그 부문은 실험동물용 미니돼지의 사육 및 판매, 동물실험대행, 사료를 유통함으로써 매출을 시현 중으로 Yucatan, Sinclair, Hanford 등의 미니피그를 보유하고 있으며, 체계적인 병원균제어시설(DPF, Designated Pathogen Free)이 갖춰진 실험동물시설을 확보하여 철저한 차단방역시설 안에서 국내에서 가장 위생도 높은 돼지를 생산하고 있다.

이종장기 부문은 장기이식을 위한 바이오 인공장기를 개발하는 것으로 연구개발단계에 있으며, 메디피그 부문에서 파생되는 사업 부문이다. 형질전환을 통해 확보된 메디피그를 이용해 각막, 피부, 신장, 간, 심장 등에 기초연구에서부터 비 임상 진행 등을 통해 사업성 등을 검토하였으며, 현재는 췌도에 선택과 집중을 통해 시제품 개발을 완료하고 국내외 이종장기 분야 최고 권위자들과 유효성 및 안전성 검증을 위해 영장류 이식을 추진하고 있다.

VLP 백신 부문 역시 연구개발단계에 있으며, 돼지 써코바이러스 2형, 구제역 바이러스 등에 대한 동물용 예방백신과 인유두종바이러스 등에 대한 인체용 예방백신을 개발 중이다.

4) 진바이오텍[49]

[그림 98] 진바이오텍

진바이오텍은 동물용 사료첨가제 제조 및 판매를 주된 목적으로 2000년 3월 설립되었으며, 2006년 4월 코스닥 시장에 상장하였다. 진바이오텍은 동물용 기능성 사료첨가제 개발 및 제조 전문업체로 다양하고 차별화된 핵심기술을 기반으로 친환경적 사료첨가제 및 동물약품을 개발하여 제조하고 있다.

진바이오텍은 2000년대 고체발효기술 노하우를 지속적으로 축적하여 사료 및 식품의 원료 시장을 기반으로 국내외 사업영역을 구축하는데 성공하였다. 2010년대에 들어 고체발효 기술을 적용한 천연생리활성 물질에 대한 연구를 지속하여 효소제, 발효어분 펩타이드, 종균, 항생제 대체 천연소재 등 고부가가치의 신제품을 개발하였으며, 해외 생산 거점을 중심으로 세계화 전략을 추진하고 있다.

더불어 동물용 의약품 관련 기술개발을 통하여 경구용 백신, 질병 억제제, 기능성 펩타이드 등 고부가가치 천연제제 분리동정 기술을 내재화할 예정이며, 식품뿐만 아니라 의약품 영역까지 사업의 다각화를 시도하고 있다.

진바이오텍은 설립 후, 기술 중심의 사업화를 위하여 자체적인 연구뿐만 아니라 다양한 과제를 통한 연구를 지속해오고 있다. 동사는 2000년 09월부터 기업부설연구소를 인증받아 운영하고 있으며, 박사 및 석사 인력 포함 전체 인력 대비 연구개발 인력이 약 30%에 이르는 연구개발 중심의 인력 구조를 보유하고 있다.

진바이오텍은 2001년부터 20건 이상의 과제를 다년간 수행해오고 있는 것으로 확인되며, 국내외 대학 연구진과 연구소, 기업과 함께 다양한 연구를 수행하였다. 특히, 2010년 이후, 제품의 대량생산 관련 연구와 함께 구제역, 조류독감(Avian Influenza, AI)과 같은 국가 통제 전염병의 예방 및 확산 방지를 위한 연구를 수행하는 등 동물용 치료제 개발에 앞장서고 있다.

---

49) 진바이오텍(086060)/한국IR협의회

제품명	특징
펩소이젠	순수 식물성 단백질 사료 첨가제
스피드킬	아프리카돼지열병 바이러스에 대한 소독제
비타민/미네랄 프리믹스	배합사료에 사용되는 미량 원료인 비타민과 미네랄을 사료에 첨가가 요이하도록 프리믹스 형태로 제공

표 43 진바이오텍 주요제품 제공 현황

진바이오텍의 주요 사업 분야는 크게 동물용 사료첨가제와 동물약품 제제로 구분할 수 있다. 동물용 사료첨가제는 기능성 펩타이드, 발효균주, 복합효소제로 구분되며, 주요제품은 가축의 소화흡수를 돕는 식물성 펩타이드 사료첨가제인 펩소이젠(PepSoyGen), 한국 전통 된장으로부터 분리한 특허균주인 황국균을 이용하여 고농축 고체 발효기법으로 생산한 생균제인 나투포멘(Naturfermen), 성장을 촉진하고 질병을 감소시키며 악취발생 원인 물질을 감소기키고 축사환경을 개선시키는 효과를 가진 친환경 복합 생균제인 락토케어(Lactocare) 등이 있다. 동물약품 제제는 항균/항생제, 항원충-구충제, 영양/면역촉진대사성제, 주사제, 생균/효소제, 소독제로 구분되며, 주요제품으로 아세트펜 30액, 슈퍼솔 등이 있다.

진바이오텍의 기술은 기존의 액상(액체상태)의 발효기술을 대체하는 고상(고체상태)의 발효기술이 핵심이다. 고체발효기술은 기존 액상발효기술에 비해 생산비용이 매우 낮고 생산수율이 훨씬 높아 대량생산이 가능하고, 그에 따라 조업률을 크게 높일 수 있는 장점이 있다. 또한 진바이오텍은 원료의 입고부터 배치, 멸균, 종균접종, 발효, 가공, 제품 출고에 이르는 모든 공정을 자동화하여 건강기능식품, 일반식품원료와 특수사료원료, 기능성 물질 등을 다양한 수요에 맞게 대량생산할 수 있는'고체발효시스템'도 완성하여 가동시키고 있다. 진바이오텍은 지속적인 연구개발을 통하여 동물용 사료 및 의약품 개발 및 제조에 적용할 수 있는 5가지의 핵심기술을 개발하였다.

① 기능성 펩타이드(Peptide) 대량 생산기술

진바이오텍은 아밀라제(Amylase) 생성능이 우수한 아스퍼질러스 오리재(Asperigillus oryzae) GB-107(KCTC 10258BP) 균주를 발효하여 동물용 사료로 많이 사용되는 대두박에 포함된 탄수화물을 미생물의 성장에 필요한 에너지원으로 이용하게 함으로써 대두박 속의 상대적 단백질 함량을 농축하고, 항영양인자인 올리고당, 트립신저해인자(Trypsin inhibitor)를 제거하는 생물학적 발효를 이용한 기능성 펩타이드 대량 생산기술을 개발하였다.

해당 기술을 활용하여 제조된 대두 펩타이드는 발효과정을 통해 고분자 단백질이 저분자 펩타이드로 변환된 것으로 동물의 체내 용해도가 매우 높고 가축이 소화 흡수하기에 용이하여 가축의 설사를 예방하고 성장을 촉진하는 뛰어난 효과를 지녔다

② 탄수화물의 젤라틴화(Gelatinization) 최적화 기술

동물용 사료는 주로 곡물을 사용하는데 최근 곡물의 재배환경 및 기후 온난화에 의한 식량 수급 불안정 등으로 곡물가의 상승이 이어지고 있으며, 생산성의 개선을 위한 보다 효율적 기능을 갖는 원료의 요구가 늘어나는 추세이다. 진바이오텍은 기존의 원료용 곡물을 대신하면서도 곡물의 특성에 맞춘 발효 조건을 최적화하여 가공함으로써 난소화성 탄수화물이 함유된 곡물의 탄수화물 간의 젤라틴화를 최적화하였다. 해당 기술은 사료로써의 가치가 현저히 낮은 곡물을 직접적으로 원료사료로 사용하거나 기존의 사료와 함께 배합하여 기능성 탄수화물로 사용할 수 있도록 하는 것으로 기술의 가치가 대단히 높다.

대표적으로 진바이오텍은 라이신(Lysine)의 함량이 높고, 면역증강물질인 베타글루칸(beta-glucan)의 함량이 높아 섭취 후, 스트레스, 설사 및 폐사를 예방해주는 효과가 있는 귀리의 난소화성 탄수화물을 분해하며, 젤라틴화를 최적화할 수 있는 공정을 적용하여 사료원료로 사용할 수 있도록 개발하였다

③ 생물정보학(Bioinformatics) 기술
생물정보학 기술은 생물체의 유전정보를 기반으로 응용하는 기술로 진바이오텍은 해당 기술을 활용하여 특정 대사효소를 대량 발현시키는 시스템을 개발하였으며, 극한환경에서 생존 가능한 미생물 발현 시스템을 개발하여 환경개선, 분뇨 및 폐수처리 등에 응용하고자 하는 노력을 기울이고 있다. 또한, 곰팡이 독소를 제어하는 효소에 대한 연구를 수행하는 등 다양한 분야에 해당 기술을 응용하고 있다. 세부적으로 균주 유전자 검색 기술, 유전자원 탐색 기술, 변형/개량 기술, 유전자 재조합 기술, 제제화 기술 및 분리 정제 기술 등 다양한 생물정보학 기술을 내재화하고 있다.

대표적으로 진바이오텍은 대장균 유래 파이타제1(phytase)를 코딩하는 핵산 서열을 효모 유래의 프로모터에 작동 가능하게 연결시켜 만든 재조합 발현 벡터를 대장균으로 형질전환 시키고 대장균을 배양하여 파이타제를 대량으로 생산하는 기술을 개발하였다

④ 의약품 재조합 항원 발현시스템
특이 질환의 면역성을 유발하는 유전자를 미생물 유전자에 재조합하여 해당 항원 단백질을 발현시키는 시스템으로 동물을 대상으로 주사용 백신 및 경구용 의약품 개발에 응용 가능한 기술이다. 진바이오텍은 가금티푸스를 유발하는 유전자(SSP1, SSP2)를 살모넬라 갈리나룸(Salmonella gallinarum)으로부터 선별하고, 이를 대장균 발현 시스템에 재조합하여 생합성된 유전자 재조합 단백질을 발현시키는 시스템을 개발하였다.

해당 시스템을 통하여 제조된 단백질을 산란계에 근육주사 또는 경구투여하여 가금티푸스에 대한 방어효과가 있음을 확인하였다

⑤ 약물전달시스템(Drug Delivery System, DDS) 기술
최근 축산농가에서 항생제의 내성에 대한 문제로 활용도가 낮아졌으며, 국가적으로 무항생제 축산물 인증제도를 도입함으로써 안전축산물 생산을 위한 생균제 시장이 확대되고 있다. 진바이오텍은 천연의약품의 전달 효율성을 개선하여 천연 유래 물질이면서도 약리 효능을 나타내는 생균제를 개발하였다.

진바이오텍은 가금류의 질병(가금티푸스, 식중독, 조류 독감 등)에 대한 치료 효능을 가지는 락토바실러스 플랜타럼(Lactobacillus plantarum) No. 6-5 균주의 genomic DNA를 분리하여, 16S rRNA 유전자를 증폭하여, 염기서열을 분석하였다. 또한, 해당 서열을 가지는 생균이 병원성균 Salmonella enteritidis(SE)에 대한 항균효과를 가진다는 것을 검증하였으며, 산란계 생체 내 투입 연구를 통하여 가금티푸스에 대한 방어 효능을 가진다는 것을 확인하였다. SE균(5×107.0 cfu/㎖/수)을 구강으로 공격 접종하고 3주 후(21 dpc) 맹장에서 SE 양성 수수/분을 확인 하였을 때 SE 양성수수가 현저히 감소한 것을 확인하였다.

06

동물용의약품 정책 동향

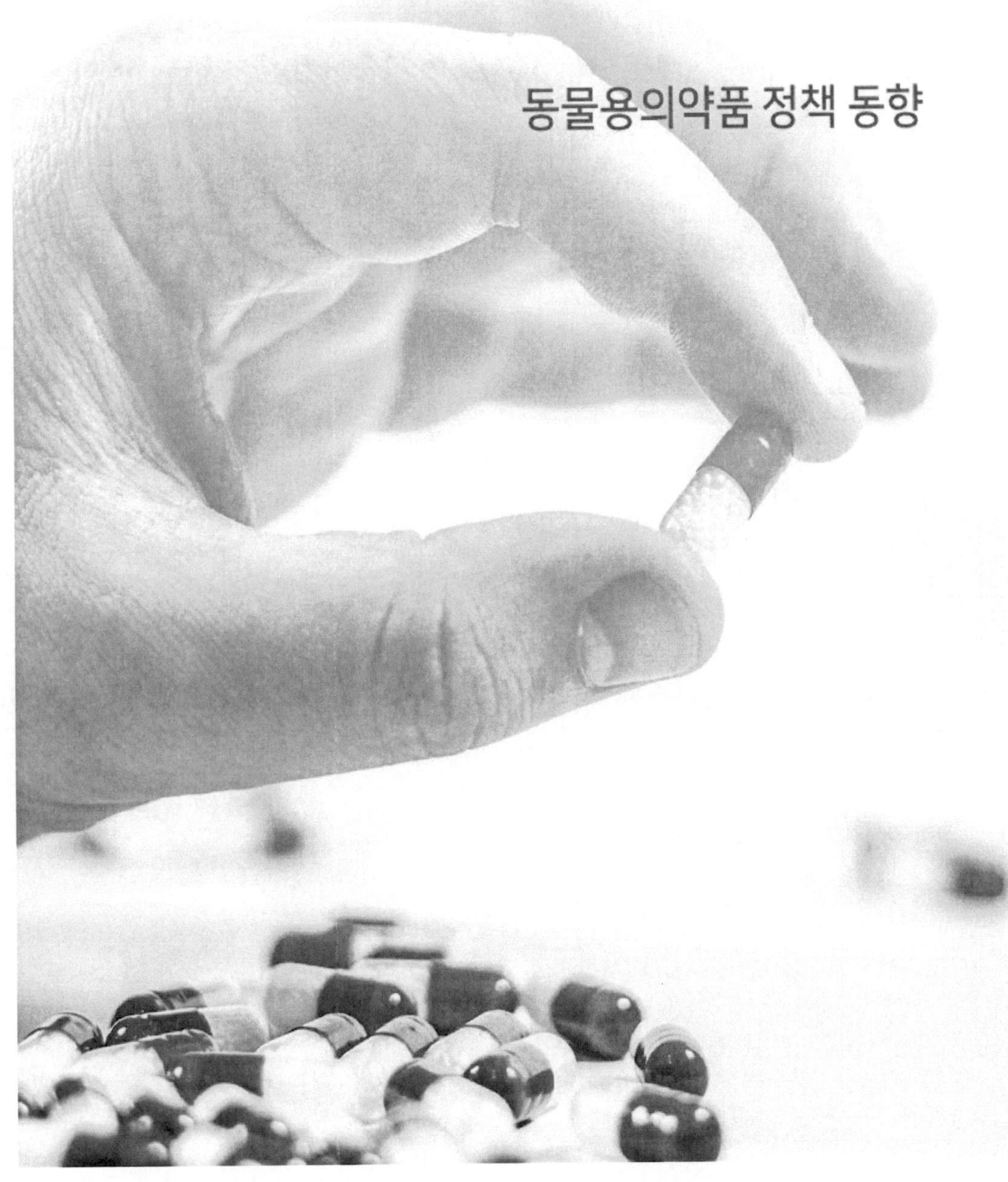

6. 동물용의약품 정책 동향

가. 동물용 의약품 및 의약외품 관리 법규[50]

1) 세계 동향

가) 미국

미국의 법전에서 동물용 의약품과 관련 있는 주제는 TITLE 7-AGRICULTURE와 TITLE 21-FOOD AND DRUGS에 있다. TITLE 7-AGRICULTURE에는 115개의 Chapter가 존재하며, TITEL 21-FOOD AND DRUGS는 모든 식품류와 의약품류를 분류하여 규정하고 있고, 27개의 Chapter로 구성되어 있다. TITLE 21의 CHAPTER 9-FEDERAL FOOD, DRUG, AND COSMETIC ACT에서 식품, 의약품, 동물용 의약품, 의료기기를 모두 규정하고 있고, CHAPTER 19-PESTICIDE MONITORING IMPROVEMENTS와 CHAPTER 26-FOOD SAFETY에서 의약품(특히 살충제) 관련 잔류분석에 관한 사항을 다루고 있다.

미국 동물용 의약품은 'TITEL 21-FOOD AND DRUGS'의 CHAPTER 9-FEDERAL FOOD, DRUGS, AND COSMETIC ACT에 의해 관리되며, 법명에서 알 수 있듯이 식품, 의약품, 화장품을 총괄하여 다루고 있다. 이는 금지행위에 대한 벌칙, 식품·의약품·화장품에 관한 적용 범위, 권한 부여 등 한국의 '약사법'보다 세밀하고 많은 법적 근거를 제공하고 있다.

나) 유럽연합

EU의 동물용 의약품 관리에 대한 법률은 "Regulation (EC) No 726/ 2004 of the European Parliament and of the Council of 31 March 2004 laying down Community procedures for the authorisation and supervision of medicinal products for human and veterinary use and establishing a European Medicines Agency"가 있다.

식품 내 잔류 기준에 대한 사항은 'Regulation (EC) No 396/2005 of the European Parliament and of the Council of 23 February 2005 on maximum residue levels of pesticides in or on food and feed of plant and animal origin and amending Council Directive 91/ 414/ EECText with EEA relevance.' 등을 통해 이루어진다.

다) 호주

호주의 동물용 의약품 관련 법은 "Agricultural and Veterinary Chemicals Act 1994" 이며 세부 규정은 "Agricultural and Veterinary Chemicals Code Act 1994"에 명시되어 있다. 이 법률은 동물용 의약품뿐만 아니라 농약류도 같이 포함되어 있으며, 동물용으로만 사용되는 약품을 제외한 일반의약품은 'Therapeutic Goods Act 1989'을 통해 관리된다. 식품 내 잔류에 관한 관리 감독은 'Food Standards Australia New Zealand Act 1991'을 바탕으로 시행된다.

---

50) 동물용 의약품 및 의약외품의 관리체계, 이규하, BRIC View 동향리포트

2) 국내 동향

한국의 동물용 의약품에 관한 법률은 "약사법 제85조 동물용 의약품 등에 대한 특례"로 관리된다. 동물용 의약품을 관리하는 세부 조항에 관한 법률은 따로 존재하지 않고, "약사법 제85조 동물용 의약품 등에 대한 특례"의 하위에 위치하는 법으로 대통령령인 "동물 약국 및 동물용 의약품 등의 제조업 수입자와 판매업의 시설 기준령"과 농림축산식품부령인 "동물용 의약품 취급 규칙"으로 구성되어 있다.

"동물용 의약품 취급 규칙"은 동물용으로만 사용하는 의약품 및 의약외품을 관리한다. 식품에서 유해한 물질의 잔류에 관한 사항은 "식품위생법" 제7조의3(농약 등의 잔류허용기준 설정 요청 등)에서 다루고 있으며, 잔류물질에 해당하는 제초제, 살균제, 살충제 등은 "농약관리법"에서 다루고 있다.

관리대상	동물용 의약품 등	의약외품 및 농약 등	식품 내 잔류
한국	농림축산식품부(축산용), 해양수산부(수산용)	농림축산식품부(축산용), 해양수산부(수산용)	보건복지부 (식품의약품안전처)
미국	The Department of Health and Human Services (FDA)	Environmental Protection Agency (EPA)	The Department of Health and Human Services (FDA), Environmental Protection Agency (EPA)
유럽연합	European Medicines Agency (CVMP)	European Chemicals Agency	Medicines
호주	Australian Pesticides and Veterinary Medicines Authority	Australian Pesticides and Veterinary Medicines Authority	Australian Pesticides and Veterinary Medicines Authority

[표 44] 국가별 동물용 의약품, 의약외품 및 안정성 검사 시행기관

나. 동물용의약품 법적 분류[51]
1) 세계 동향
가) 미국

미국에서는 한국의 동물용 의약품 등에 포함되는 부분은 SUBCHAPTER V-DRUGS AND DEVICES Part A-Drugs and Devices에서 규정하며, Section 354. Veterinary feed directive drugs와 Section 360b. New animal drugs에서 자세하게 기술하고 있다. 한국의 사료 첨가제에 해당하는 부분이 Section 354에 기술되어 있으며, 동물용 의약품은 Section 360b에 해당한다. 미국의 동물농장은 대단위로 운영되어 개체 치료의 개념이 없으며 집단치료에 포함되는 사료에 섞어주는 사료 첨가제를 우선으로 관리하고 있다. 그 밖의 의약품은 New animal drug에 분류하여 관리하고 있다.

한국의 동물용 의약외품에 해당하는 부분은 용도에 상관없이 살충제로 구분하여 해당 성분의 잔류 분석을 모니터링한다. 다시 말해 의약외품이라고 따로 정하지 않고 살충용 물질들을 살충제라는 범위 안에 포함되어 예외적으로 분류되었던 new animal drug에는 포함되지 않음이 명시되어 있다. 또한, 소독제는 살충제 개념으로 포함되지 않고 Title 21-FOOD AND DRUGS의 CHAPTER 9-FEDERAL FOOD, DRUG, AND COSMETIC ACT에서 정의되어 있다.

나) 유럽연합

유럽에서는 동물용 의약품에 대하여 Directive 2001/ 82/ EC of the European Parliament and of the Council of 6 November 2001 on the Community code relating to veterinary medicinal products에 정의되어 있다. Directive는 Regulation의 하위 법령으로 Directive 2001/ 82/ EC에서는 동물용 의약품에 대하여 분류하여 정의하고 있다. 여기에 따르면 동물용 의약품은 동물의 질병 방지를 위한 모든 제품을 포함한다. 따라서 한국의 동물용 의약품과 의약외품까지 포함된다. 하지만 한국과 달리 모든 제품이 포함되어 동물용으로 사용되는 약품만 규정하고 있는 한국의 범위보다 더 포괄적인 정의라 볼 수 있다. 그 외 사료 첨가제에 해당하는 부분은 따로 규정하고 있다.

다) 호주

호주에서는 "Agricultural and Veterinary Chemicals Act 1994"라는 상위의 법이 존재한다. 이는 식품의 생산단계에 중점을 두고 관리하는 법체계라고 볼 수 있다. 식품을 생산하는 축산업과 농업에 사용되고 있는 화학물질을 모두 관리하여 식품의 원료에 사용되고 있는 화학물질 전체를 관리하기에 유리하다. 또한, 농약과 동물용 의약품을 모두 포함하여 관리하기 때문에 부·처에서 농약의 오남용과 동물용 의약품의 오남용을 모두 관리할 수 있다.

---

51) 동물용 의약품 및 의약외품의 관리체계, 이규하, BRIC View 동향리포트

특히 동물용 의약품의 경우 동물에 직·간접적으로 적용하는 모든 물질을 포함하기 때문에 한국의 의약외품에 해당하는 항목도 포함이 된다. 사료 첨가제, 보조제 역시 veterinary chemical product에 포함된다. 다만 수의사의 처방에 따라 준비된 약은 포함되지 않는다는 예외사항이 있다.

2) 국내 동향

한국은 "동물용 의약품 등 취급 규칙 2조"에서 동물용 의약품, 동물용 의약외품, 동물용 의료기기, 사료 첨가제, 이 네 가지 큰 범주로 분류되어 정의된다. 또한, 의약외품은 의료용품, 소독제, 구충제 등을 의미한다. 2017년 달걀 살충제 파동에서 논란의 중심이 됐던 살충제(피프로닐) 또한 의약외품의 범위에 포함된다. 피프로닐의 경우 사용 목적이 닭에 발생하는 진드기 제거용으로서 닭에게 직접 적용되며, 용도를 명확히 따지면 동물용 의약품에 속해야 하며 관리대상에 포함되어야 한다.

동물용의 목적으로만 사용하는 의약품 또는 의약외품을 동물용 의약품 또는 동물용 의약외품이라고 정의하기 때문에, 일반의약품은 동물용으로 사용이 가능하지만, 휴약기간 등의 법적 규제의 적용대상에서 제외된다. 규칙 제2조 1항 6호는 사료 첨가제에 대하여 정의하였으나, 2항의 예외 사항에 관한 규정을 불분명하게 신설해 두었다. 현실적으로 사료 첨가제로 분류되는 물질을 전부 모니터링할 규정도 없을 뿐만 아니라 예외 사항을 신설한 것은 법의 실효성이 낮아진 것이라고 할 수 있다.

관리대상	동물용 의약품 등	의약외품 및 농약 등	식품 내 잔류
한국	약사법	약사법, 농약관리법	식품위생법
미국	U.S. code Title 21-FOOD AND DRUGS (Title 21의 CHAPTER 9-FEDERAL FOOD, DRUG, AND COSMETIC ACT)	U.S. code TITLE 7-AGRICULTU RE (CHAPTER 6-INSECTICIDES AND ENVIRONMENT AL PESTICIDE CONTROL)	U.S. code Title 21-FOOD AND DRUGS (CHAPTER 19-PESTICIDE MONITORING IMPROVEMENTS)
유럽연합	Regulation (EC) No 726/2004 (procedures for the authorization and supervision of medicinal products for human and veterinary use and establishing a European Medicines Agency)	Regulation (EU) No 528/2012 (concerning the making available on the market and use of biocidal products Text with EEA relevance)	Regulation (EC) No 396/2005 (maximum residue levels of pesticides in or on food and feed of plant and animal origin)
호주	Agricultural and Veterinary Chemicals Code Act 1994	Agricultural and Veterinary Chemicals Code Act 1994	Food Standards Australia New Zealand Act 1991

[표 45] 국가별 동물용 의약품, 의약외품 및 안정성 관리 법규

07

참고문헌

7. 참고문헌

1) 팽창하는 동물용의약품 시장, 누가 승자 될 까?/코메디닷컴
2) 동물용 의약품 등 편람, 2001; 동물용 의약품 등 약효성분 분류집, 2004
3) 동물 의약품 시장, 글로벌 시장동향보고서/연구개발특구진흥재단
4) 수의용 백신 시장/연구개발특구진흥재단
5) 중앙백신(072020)/한국IR협의회
6) 동물 진단 시장/연구개발특구진흥재단
7) 동물용 성장 촉진제 및 증강제 시장/연구개발특구진흥재단
8) 사료첨가물 시장/연구개발특구진흥재단
9) 동물용 백신의 현황, 박종명/대한수의사회지
10) 동물 분자 진단 시장의 동향, 박창은, 박성하, Korean J Clin Lab Sci. 2019;51(1):26-33
11) 가축전염병/한국과학기술기획평가원
12) BHK-21 : 구제역 백신 핵심 세포주
13) 유전공학 백신 : recombinant vaccine, vector vaccine, VLP vaccine, oral vaccine, conjugate vaccine, subunit vaccine, DNA vaccine
14) EMPRES : Emergency Prevention System for Tansboundary Animal and Plant Pests and Diseases
15) RADAR : Rapid Analysis and Detection of Animal-related Risks
16) 국민건강 주의 알람 서비스 : 건강보험공단의 DB와 SNS 정보를 연계하여 홍역·조류독감· SAS 등 감염병 발생을 예측
17) Lab on a chip : 극미량의 샘플이나 시료로 기존의 실험실에서 할 수 있는 실험이나 연구과정을 신속하게 대체할 수 있도록 만든 칩(차세대 진단장치)
18) 글로벌 동물약품 디지털기술 동향보고서/동물용의약품 수출연구사업단
19) 동물용의약품 수풀연구사업단 3차년도 동향보고서 (글로벌 동물약품 디지털기술)
20) 새로운 가치를 창출하는 디지털 축산/피그앤포크한돈
21) 동물 의약품 시장, 글로벌 시장동향보고서/연구개발특구진흥재단
22) 동물 의약품 시장, 글로벌 시장동향보고서/연구개발특구진흥재단
23) 지난해 동물용의약품 시장 규모 5.1% 성장했다/한돈
24) 국내 동물용의약품 시장에서 반려동물 비율은 16.7%/데일리벳
25) 동물용 의료기기 시장/한국과학기술정보연구원
26) 수의용 백신 시장/연구개발특구진흥재단
27) 동물 진단 시장/연구개발특구진흥재단
28) 반려동물 진단 시장/글로벌 시장동향보고서
29) 수의용 현장 진단 (PoC) 시장, 글로벌 시장동향보고서, 연구개발특구진흥재단
30) 동물용 성장 촉진제 및 증강제 시장/연구개발특구진흥재단
31) 사료첨가물 시장/연구개발특구진흥재단
32) 동물 의약품 시장, 글로벌 시장동향보고서/연구개발특구진흥재단
33) 수의용 백신 시장/연구개발특구진흥재단

34) 반려동물 의약품 독점…"조에티스 주목"/한경 글로벌마켓
35) 동물 진단 시장/연구개발특구진흥재단
36) 동물 진단 시장/연구개발특구진흥재단
37) 반려동물 진단 시장/글로벌 시장동향보고서
38) 동물 진단 시장/연구개발특구진흥재단
39) 동물 진단 시장/연구개발특구진흥재단
40) 동물 진단 시장/연구개발특구진흥재단
41) 동물 진단 시장/연구개발특구진흥재단
42) 동물용 성장 촉진제 및 증강제 시장/연구개발특구진흥재단
43) 사료첨가물 시장/연구개발특구진흥재단
44) 동물용 성장 촉진제 및 증강제 시장/연구개발특구진흥재단
45) 사료첨가물 시장/연구개발특구진흥재단
46) 사료첨가물 시장/연구개발특구진흥재단
47) 사료첨가물 시장/연구개발특구진흥재단
48) 중앙백신(072020)/한국IR협의회
49) 이글벳(044960)/한국IR협의회
50) 옵티팜(153710)/한국IR협의회
51) 진바이오텍(086060)/한국IR협의회
52) 동물용 의약품 및 의약외품의 관리체계, 이규하, BRIC View 동향리포트
53) 동물용 의약품 및 의약외품의 관리체계, 이규하, BRIC View 동향리포트

초판 1쇄 인쇄 2021년 7월 02일
초판 1쇄 발행 2021년 7월 19일
개정판 발행 2023년 7월 24일

편저 비피기술거래 비피제이기술거래
펴낸곳 비티타임즈
발행자번호 959406
주소 전북 전주시 서신동 780-2
대표전화 063 277 3557
팩스 063 277 3558
이메일 bpj3558@naver.com
ISBN 979-11-6345-459-5(93470)
가격 66,000원

이 도서의 국립중앙도서관 출판예정도서목록(CIP)은 서지정보유통지원시스템홈페이지
(http://seoji.nl.go.kr)와국가자료공동목록시스템 (http://www.nl.go.kr/kolisnet)에서 이용하
실 수 있습니다.